図解

電気設備の
基礎

オール
カラー

本田嘉弘＋前田英二＋与曽井孝雄●著 菊地 至●イラスト

ナツメ社

はじめに

　日常生活を送る上で欠かせないものに、建物、電気、水、および空気があります。このうち建物は建築物といいます。また、電気と水および空気は生活空間の環境を決定する要素として非常に重要な役割を持っていて、システムとして運用するときこれらを「電気設備」、「給排水衛生設備」、および「空気調和設備」といいます。また、規模の大きな建築物にはさらにエレベーター、エスカレーターなどの「搬送設備」が加わります。これら電気設備、給排水衛生設備、空気調和設備および搬送設備を合わせて「建築設備」といいます。

　電気設備は、建物およびこれらの建築設備を稼働させて、機能・特性を十分に発揮させることで、便利に利用でき安全に運用できるようにシステム化されています。

　よく電気は「見えない」、「触るとビリビリする」、「気味が悪い」、「危ない」などといわれ敬遠されています。しかし、簡単に利用することができて実はたいへん便利なモノが電気なのです。

　電気は、危険性が高いことでいろいろな規制がされています。たとえば電線を接続する作業一つをとっても公的な資格が必要とされていますが、しくみを理解し、決まりを守って使用、運用すれば危険はありませんし、非常に難しいというものでもありません。

　電気は水とよく似ているといわれます。水は重力により高いところから低いところに流れ、その高低差が大きいほど水圧が高くなり、水のエネルギーは大きくなります。電気の電流も電圧が高いところから低いところに流れ、電圧が高ければ電気の勢いが大きく、電圧と電流の積である電力（電気エネルギー）は大きくなります。このように身近にあるものでイメージしてみると意外と電気の性質がわかってきます。

　本書は2013年に初版『図解　電気設備の基礎』を発行しました。それから今日までの間に世の中がいろいろと変化をとげており、電気の技術が発展し、照明器具はLEDが主流となりました。それらに対応すべく、内容を見直し、オールカラーにして改訂版を出すこととなりました。

　本書ではできるだけ専門用語を使わずにわかりやすく、また、イラストをふんだんに取り入れてまとめました。これから電気をやろうと考えている方々の入門書としても読んでいただけると幸いです。

　最後に、本書の執筆にあたり、諸先輩方の文献、資料を参考にさせていただきましたことに、紙上を借りてお礼申し上げます。また、持丸潤子氏に並々ならぬご協力をいただき、感謝致します。

2024年10月

著者らしるす

本書の読み方、使い方

左と右の見開き2ページで1つのテーマについて説明しています。左のページでは、要点を絞って文章で解説しています。まずはこのページを読んで全体を理解しましょう。

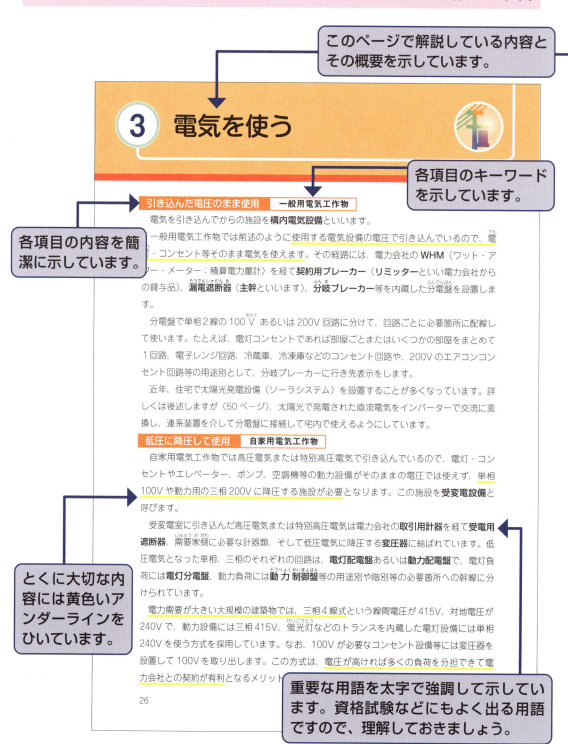

右のページでは、左のページの解説の中でとくに大切な事項や、文章だけではわかりにくいことを図を用いて説明しています。

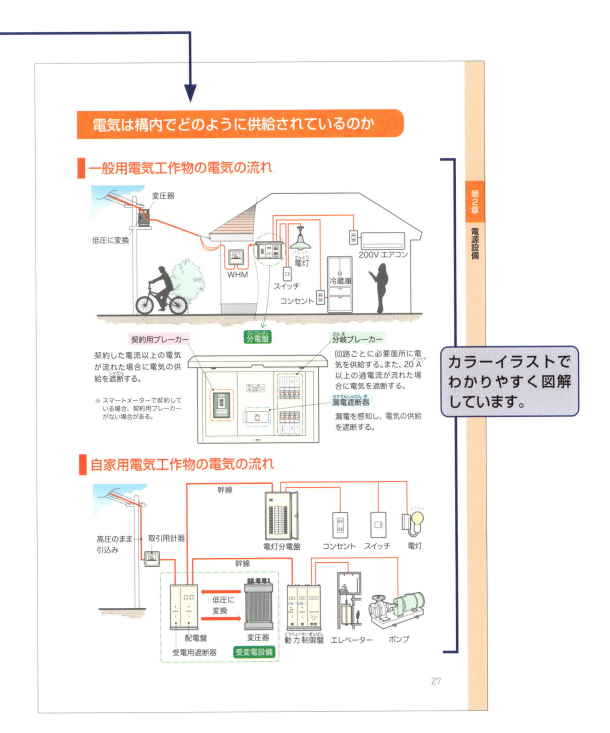

目　次

はじめに ・・・・・・・・・・・・・・・・・・・・・・・・・・・・・・・・・・・・・・ 3
本書の読み方、使い方 ・・・・・・・・・・・・・・・・・・・・・・・・・ 4

第1章
電気設備の役割と種類

1　建物の電気設備 ・・・・・・・・・・・・・・・・・・・・・・・・・・・・・ 14
　　●建物の規模・用途により施設

2　電気設備とは ・・・・・・・・・・・・・・・・・・・・・・・・・・・・・・・・ 16
　　●発電所から電気を使う家屋まで　●電気工作物は大きく分けて3つに分類
　　●生活、生産・製造に欠かせないエネルギー源

3　建物内の電気設備 ・・・・・・・・・・・・・・・・・・・・・・・・・・・ 18
　　●電圧によって分けられている　●契約電力により受電方式が異なる
　　●住宅、小規模店舗および小規模ビル等の電気設備　●ビル・工場等の電気設備

コラム ▶ 電気設備設計とＡＩ ・・・・・・・・・・・・・・・・・・・・ 20

第2章
電源設備

1　発電所から需要家への電気の供給 ・・・・・・・・・・・・・ 22
　　●電気を作る　●電気を送る・配る

2　電気を引き込む ・・・・・・・・・・・・・・・・・・・・・・・・・・・・・ 24
　　●電気を低圧に下げて引き込む　●電気を高圧のまま引き込む

3　電気を使う ・・・・・・・・・・・・・・・・・・・・・・・・・・・・・・・・・ 26
　　●引き込んだ電圧のまま使用　●低圧に降圧して使用

4　一般用電気工作物の契約と料金 ・・・・・・・・・・・・・・・ 28
　　●電灯需要と電力需要に分けられる　●燃料調整費と太陽光発電促進付加金を加算

5　自家用電気工作物の契約と料金 ・・・・・・・・・・・・・・・ 30
　　●需要設備の総容量により区分される　●契約電力は年間の最大需要電力により変わる

6　交流と直流 ・・・・・・・・・・・・・・・・・・・・・・・・・・・・・・・・・ 32
　　●電気には交流と直流がある

7　感電の回避 ・・・・・・・・・・・・・・・・・・・・・・・・・・・・・・・・ 34

●わかれば納得、対処ができる

8 電気方式 ･････････････････････････････ 36
●電灯・コンセント設備で使われる電気方式　●動力設備で使われる電気方式

9 受変電設備 ･････････････････････････････ 38
●２つの受変電設備の方式　●現場で組立て施工　●工場製作で現場に据付け

10 受変電設備機器 ･････････････････････････ 40
●電力会社や他の需要家に事故などの影響を波及させない
●電気を引き込んで使える電圧に変える　●同じ電気で仕事を有効にさせる
●負荷に電気を配る

11 分電盤 ･･････････････････････････････････ 42
●電気を分ける　●分電盤という箱　●分電盤の中身　●その他の機能を備えた分電盤

12 防災電源設備 ･･･････････････････････････ 44
●電源は３つある　●設置義務　●建築基準法による設置義務　●消防法による設置義務
●容量が決められている

13 自家用発電設備 ･･･････････････････････ 46
●小さいものから大きいものまで　●いろんな使われ方　●電気エネルギーを得る稼働方法
●燃料が軽油、重油のエンジン　●燃料がガスのエンジン　●燃料が高圧ガス

14 蓄電池設備 ･･･････････････････････････ 48
●２つに大別される電池の種類　●非常電源に使われている電池　●用途と種類が多い
●それぞれの特徴

15 再生可能エネルギー利用発電設備 ･･････ 50
●再生可能エネルギーの利用　●太陽エネルギーを電気エネルギーに変換
●風力エネルギーを電気エネルギーに変換　●発電機とは呼ばない発電設備

16 コージェネレーションシステム ････････ 52
●２つのことができる　●２つの運転制御システム　●排熱の利用　●エネルギーの農場

17 交流無停電電源装置 ･････････････････ 54
●瞬時電圧降下に備える　●電源電圧や周波数の変動に備える　●何から作られているのか
●どのくらいの時間使えるのか　●何年くらい使えるのか

コラム ▶ **A接点・B接点** ･･････････････････ 56

第３章

幹線・分岐回路設備

1 幹線 ････････････････････････････････････ 58
●場所により呼び方が変わる　●今はあまり使われない言い方　●主要なものを運ぶ動脈
●エネルギーと情報・信号を運ぶ動脈　●用途による分類

2　幹線系統の選定方法 ・・・・・・・・・・・・・・・・・・・・・ 60
●負荷容量により系統を分ける　●色々ある方式　●色々ある幹線事故
●保護の対象により分類

3　幹線の配線サイズ ・・・・・・・・・・・・・・・・・・・・・・ 62
●安心して電気を使う諸条件　●連続して通電してよい最大電流
●短絡事故から保護用遮断器が動作するまで　●電源から遠くになると電圧が下がる

4　幹線の配線の種類 ・・・・・・・・・・・・・・・・・・・・・・ 64
●おおむね3つの種類　●電線管に電線を引き入れる　●ケーブルを施設する
●大容量幹線向き

5　幹線からの分岐（分岐回路） ・・・・・・・・・・・・・・・ 66
●幹線から盤への配線　●太い幹線からの分岐　●電灯と動力では異なる
●過電流遮断器の定格電流の制限

6　幹線の区画貫通 ・・・・・・・・・・・・・・・・・・・・・・・ 68
●必ず壁や床を貫通する　●どのような処理が必要なのか　●各階に床がない幹線シャフト
●各階に床を設けた幹線シャフト　●水平展開する幹線

7　配線設備の地震対策 ・・・・・・・・・・・・・・・・・・・・ 70
●2つの法律で規定　●躯体から離れた設備の対策　●縦配管・配線の支持固定
●余裕を持たせた場所での支持固定

8　電線、ケーブルの種類、使い分け ・・・・・・・・・・・・ 72
●色々ある電線やケーブル　●電力用の分け方　●電圧による分け方
●使用場所による分け方　●温度環境による分け方

9　電線管等の保護管 ・・・・・・・・・・・・・・・・・・・・・・ 74
●電線を保護する管　●鋼製電線管の種類　●合成樹脂電線管の種類
●モーター等振動するものへの接続　●やってはいけないこと

10　配管・配線工事の種類 ・・・・・・・・・・・・・・・・・・ 76
●コンクリート躯体　●天井内および間仕切り壁　●仕上がり状態が見える

コラム▶ リスクアセスメント ・・・・・・・・・・・・・・・・・ 78

第4章
動力設備

1　動力設備とは ・・・・・・・・・・・・・・・・・・・・・・・・・ 80
●動力機器とはどんなもの　●まとめて受け取り個別に送る
●利便性、経済性、なにより安全性

2　動力盤とは ・・・・・・・・・・・・・・・・・・・・・・・・・・・ 82
●動力分電盤・動力制御盤の違い　●開閉器のルール　●どんなことをさせているのか

| 3 | 動力の配線 | 84 |

●燃えてはいけない配線、通常の配線　●計算よりも仕様書優先　●3本の線、名前と色

| 4 | 電動機 | 86 |

●電動機が使われる理由　●三相誘導電動機の種類と特徴　●西日本のほうがポンプは早い

| 5 | 電動機の制御 | 88 |

●動かし始めは力が必要　●保護装置

| 6 | 中央監視設備 | 90 |

●中央監視とは　●中央管理室、防災センターとは　●エネルギーの「見える化」

| 7 | エレベーター | 92 |

●エレベーターの区分について　●エレベーターの種類とはいうものの

●台数や大きさの決め方は？

| 8 | エスカレーター | 94 |

●平面式、ベルト式もエスカレーター　●パレットの不思議　●事故を未然に防ぐために

●意外と高い輸送能力

コラム ▶ 変化と柔軟性 ･･････ 96

第5章

電灯設備

| 1 | 電灯設備とは | 98 |

●一番身近で使用するもの　●単相100Vとは

●一番身近で使用しているから誤って触れやすい

| 2 | コンセント設備 | 100 |

●用途や場所によって選びます　●自由に決められます　●コストを考えながら多めに配置

| 3 | 照明設備 | 102 |

●明るさを得るだけではありません　●どんなことを知っていればよいのか

| 4 | 照度 | 104 |

●明るさの程度を知ろう　●平均照度が同じでも感じ方は違います

| 5 | ランプ（光源）の種類と特徴 | 106 |

●ランプの種類

| 6 | 照明方式 | 108 |

●光の当て方　●配光による分類

| 7 | 建築化照明 | 110 |

●建築とのコラボレーション

| 8 | 照度計算 | 112 |

●計算の方法にも種類がある　●光束法で必要な条件

| 9 | 照明と省エネ | 114 |

●照明でできる省エネとは

| 10 | 電灯分電盤（電灯回路用の分電盤） | 116 |

●回路を分けて制御、管理する　●家庭用は1面、一般的な建物では

| 11 | 外灯設備 | 118 |

●目的によって器具を選びます　●癒しの空間には欠かせない演出です

●明るさにも注意が必要　●主な手法は地中配管配線

コラム ▶ 照明計画はもっと自由にできる · · · · · · · · · · · · · · · · · · 120

第6章 情報通信設備

| 1 | 一般加入電話 | 122 |

●音声を送受信する設備です　●機器と配線は建設工事完了後の工事が多い

●建物内部の電話設備の構成　●建物外部の電話線の話　●電話線にも種類がある

| 2 | 電話交換機 | 124 |

●電話線の有効利用　●接続先を交換する　●電話をダイアルしてから通話が終わるまで

●手動からデジタルへ　●より高機能・高品質へ

| 3 | IP電話機設備 | 126 |

●IPはInternet Protocolの頭文字　●電話料金が安い　●電話交換機とサーバー

●IP電話機の形状　●停電時は通話できない

| 4 | 構内電話設備① | 128 |

●特定の目的に絞られた会話をするための設備　●室内で玄関口の訪問者と会話できる装置

| 5 | 構内電話設備② | 130 |

●患者が看護師を呼び出すための電話　●少人数の連絡用に

●関係者同士のスムーズな会話のために

| 6 | 放送設備① | 132 |

●音声・音楽を広範囲に伝える設備　●入力装置から出力装置まで　●火災を知らせる

●地震に対する注意を促します

| 7 | 放送設備② | 134 |

●建物内に案内を流す　●高度な聴覚効果が求められる　●電気設備から見た注意点

●音声と映像で情報を提供する

| 8 | テレビ共同視聴設備 | 136 |

●テレビ信号を共同で受信する設備　●外観を傷めずに受信する方法

●共同アンテナ方式とケーブル方式の特徴　●建物の影響を受ける近隣住戸

| 9 | 時計設備 | 138 |

●複数の時計の時刻を同じにかつ正確にする設備　●親時計の役割

●親時計の時刻管理方法　●意外なクレーム　●無線で親子間の制御を行う

10　車路管制設備 ･････････････････････････････ 140
●車の入庫出庫を安全に行う設備　●車路管制設備の動作

●車の位置を感知する方法は2種類　●警報・表示灯の起動・停止方法

11　LAN（Local Area Network）設備 ･･･････････ 142
●コンピューターと各種機器を接続　●セキュリティが高く安定した速度が確保される

●どこでもインターネット通信が可能

12　フリーアクセスフロアーと床下配線 ･･････････ 144
●フリーアクセスフロアーはOAフロアーともいいます

●インテリジェントビル化がFAFを発展させました　●フロアーパネルと台座と支持脚

●フロアーパネルに求められる機能　●床下は何の障害物もない自由空間

コラム▶ 電気事故は身近なところで起こり得ます ････････ 146

第7章
防災・防犯設備

1　消火設備 ････････････････････････････････････ 148
●初期消火・延焼防止のために　●用途に応じた消火設備のしくみと使い方

2　警報設備 ････････････････････････････････････ 150
●火災やガス漏れ、漏電を検知し警報を発する　●用途に応じた警報設備のしくみと使い方

3　避難器具・誘導設備 ･･･････････････････････････ 152
●非常時に外へ避難するための設備　●用途に応じた誘導設備のしくみと使い方

4　消火活動上必要な施設 ･････････････････････････ 154
●用途に応じた設備のしくみと使い方

5　非常照明設備 ････････････････････････････････ 156
●停電時に点灯し明るさを保つ　●非常電源の取り方により種類が分かれる

6　防犯設備 ････････････････････････････････････ 158
●安全を確保し快適に生活するための設備　●目的による防犯機器の使い分け

●業界等の指針に基づく

7　ビル管理システム ･････････････････････････････ 160
●ビル運営と居住者の安全・快適さを管理する

8　雷保護設備 ･･････････････････････････････････ 162
●落雷の被害を軽減させるための設備　●機能・規格で分類する　●雷が通過する各部

●雷のその他の侵入経路

9　防災センター ････････････････････････････････ 164

11

●総合操作盤で集中管理　●防災センターという部屋を構築するための必要条件

●防災センター評価申請には時間がかかる

コラム▶ 良い電気と悪い電気 ・・・・・・・・・・・・・・・・・・・・ 166

第8章
電気設備の仕事

1　電気設備に関わる人々 ・・・・・・・・・・・・・・・・・・・・・ 168
　●注文する人、作る人、維持管理をする人

2　電気設備の設計 ・・・・・・・・・・・・・・・・・・・・・・・・ 170
　●電気設備の計画を図面化する　●小さなものから大きなものまで電気で動く

　●電気で動くまたは制御されるものは適切な電気が必要

3　電気設計のポイント ・・・・・・・・・・・・・・・・・・・・・ 172
　●意匠・構造・設備の和音　●人と機械の連携を考える　●組織・スタイルで変わる

　●主役は誰？

4　電気設備の工事 ・・・・・・・・・・・・・・・・・・・・・・・ 174
　●設計図を具体化させる　●工事管理は重要な業務の1つ

5　電気設備の点検とメンテナンス ・・・・・・・・・・・・・・・ 176
　●メンテナンスは2種類あります　●電気設備機器の機能を維持する

6　電気設備のリニューアル① ・・・・・・・・・・・・・・・・・ 178
　●リニューアルは保守管理と違います　●建替えもリニューアルの1つ？

　●建替え方式が選択されない理由　●安全最優先の工事

7　電気設備のリニューアル② ・・・・・・・・・・・・・・・・・ 180
　●無駄のないリニューアル工事の進め方　●新築、建替え、リニューアルどれが得か？

　●電源系のリニューアルは停電が伴う　●長期停電時の問題点の発掘

　●嘘のような本当の話

8　電気設備に関する資格 ・・・・・・・・・・・・・・・・・・・ 182
　●直接工事に関わる資格名称とその内容　●電気設計者には資格は必要ありません

コラム▶ 電気屋さんは悩まない ・・・・・・・・・・・・・・・・・ 184

付録 ・・・・・・・・・・・・・・・・・・・・・・・・・・・・・・・ 185
　オームの法則について　照度計算の手順　電気設備の図示記号と文字記号

索引 ・・・・・・・・・・・・・・・・・・・・・・・・・・・・・・・ 193

参考文献・資料 ・・・・・・・・・・・・・・・・・・・・・・・・・ 195

第 1 章

電気設備の役割と種類

照明設備などの電灯・コンセント設備、電話などの情報通信設備などは私たちの生活に身近な電気設備です。一方、大規模な建物には、受変電設備や動力設備、中央監視設備といった、普段あまり目にすることのない電気設備が施設されています。

本書では、電気設備を勉強するための導入として、電気設備にはどのようなものがあり、働きや電圧などによってどのように分類されているのか説明します。

1 建物の電気設備

建物の規模・用途により施設　電気設備の種類

　建物で使われている電気設備は、その建物の使用目的と規模に合ったもので、信頼性のあるもの、安全、かつ省エネルギーであることが第一条件となります。電気設備にはどのようなものがあるのかを説明します。

　受変電設備は、建物に電気を取り込んで建物内で使えるように電圧を下げる設備です。**配電設備**は、変電設備において各所で使用する電圧（電灯・コンセント用と動力用）に降圧した電気を使用場所に配るための設備です。**幹線設備**は、配電設備で分けられた電灯・コンセント設備用や動力設備用の電力用幹線や、防災、通信・情報信号を伝送する弱電幹線などがあります。**発電設備**は、電力会社からの電気が停電等で受電できなくなったときに自分の建物用に最小限の電力を発電してバックアップ用とする場合や、電力会社からの電力と並列に発電して電気や熱を同時に取り出す設備があります。**蓄電池（電力貯蔵）設備**は、電気エネルギーを化学エネルギーで蓄えて昼間の電力使用量や発電電力量の抑制や、停電時の非常用電源とする設備です。**動力設備**は、電気エネルギーをモーター等で機械エネルギーとして取り出す設備で、動力制御盤からモーターまでの配線と、このモーター等の運転を制御する設備まで含みます。**電灯・コンセント設備**は、照明設備とコンセント設備で、電灯分電盤から照明器具およびスイッチ、コンセント等の配線器具の配線設備まで含みます。**防災設備**には、消防法で規定されている自動火災報知設備やガス漏れ火災警報設備、非常警報設備、誘導灯設備、および建築基準法で規定されている非常用照明設備等があります。**情報通信設備**には、LAN設備、電話設備、インターホン設備、拡声（放送）設備、テレビ聴視設備、防犯（セキュリティーシステム）設備、（駐車場）車路管制設備、電気時計設備などがあります。

　雷保護設備（システム）は、建築基準法で規定されているいわゆる雷による外部雷保護システム（避雷針）と雷撃による建物内の雷保護を目的とするシステムがあります。

　中央監視設備は、建物の電気、空調、給排水衛生、防災、防犯、エレベーター等の運転状態の管理、故障監視、各機器間の連動制御や監視を行い、建物全般を管理・監視する設備です。

　一般家庭のような建物では、受電設備、電灯・コンセント設備、および情報通信設備では電話設備、インターホン設備、テレビ聴視設備、LAN設備が、また近年ではさらに太陽光発電設備等が施設されています。

　本書では、建物で使う電気設備とその設備に付随する器具等、設備を使用するためのシステムなどを説明していきます。

本書で紹介する電気設備とは

建物の電気設備を樹木にたとえると

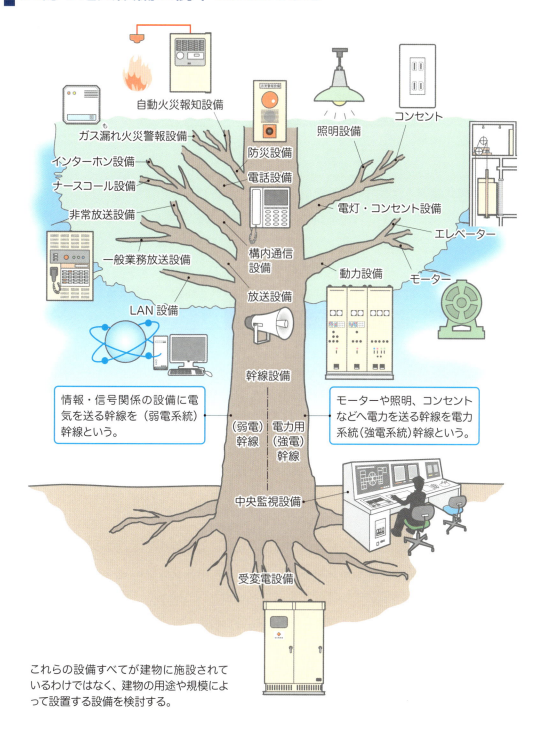

これらの設備すべてが建物に施設されているわけではなく、建物の用途や規模によって設置する設備を検討する。

2 電気設備とは

発電所から電気を使う家屋まで　総称して電気工作物

電気を作り供給するための発電所、電気を送る・配る変電所および送配電線路をはじめとして、工場、ビル、住宅などの電気を使う施設の受電設備、配線設備および電気使用設備を総称して**電気工作物**といいます。

電気工作物は大きく分けて3つに分類　電気工作物の区分

❶**一般用電気工作物**：交流600V以下の電圧で受電し、その構内で受電に係る電気を使用する電気工作物、および小規模発電設備の電気工作物

❷**事業用電気工作物**（一般用電気工作物以外の電気工作物）

　イ）電気事業の用に供する（発電会社、電力供給会社など電気を作る、送る、配る等を行っている）会社が設置、運用、管理を行う電気工作物

　ロ）電力供給会社から高圧または特別高圧で引き込んで使用する電気工作物で、上記イ）以外の自家用電気工作物および小規模事業用電気工作物（小規模事業用発電設備）

生活、生産・製造に欠かせないエネルギー源　電気の利用

我々が日常どこにいても"明かり"（照明設備）が準備されています。この"明かり"は自然光が十分にあるときは不要となっていますが、自然光が不足する場所や時間帯には欠かせないものとなります。この照明設備は、電気をエネルギー源として光エネルギーに変換して点灯されます。

さらに、生活の中で何かモノを使うとき、そのモノの生産・製造には必ずどこかで電気が利用されています。生産・製造の過程で道具や機械を運転する際に欠かせない電気を動力のエネルギー源として使い、熱エネルギー、運動エネルギーなどに変換して製品を作り出しているのです。

これらのモノが我々の手元に来たとき、食品の場合、その鮮度を保つために冷蔵庫や冷凍庫に保管します。この冷蔵庫・冷凍庫も電気で運転しています。夏には冷房を、冬には暖房を行います。この冷房や暖房にも電気をエネルギー源として使っています。テレビ・ラジオ等の聴視や、パソコン・スマートフォン等の利用のためのバッテリー充電でも、電気をエネルギー源として使っています。

このように、電気は生活に、また、生産・製造に不可欠なエネルギーです。

電気を作り、送り、使うための設備

電気工作物の種類

●電気工作物の区分

電気工作物	❶一般用電気工作物（小規模発電設備）	
	❷事業用電気工作物	イ）電気事業の用に供する電気工作物
		ロ）自家用電気工作物（小規模事業用発電設備）

●小規模発電設備の概要 （出力電圧600V以下、合計出力50kW未満）

電気工作物区分	発電設備の種類	出力
小規模発電設備工作物	水力発電設備	20kW 未満
	内燃力発電設備	10kW 未満
	スターリングエンジン発電設備	10kW 未満
	燃料電池発電設備（高分子型または固体酸化物型）	10kW 未満
	燃料電池自動車（家庭給電するもの）	10kW 未満
	太陽電池発電設備	10kW 未満
小規模事業用電気工作物	太陽電池発電設備	10kW 以上 50kW 未満
	風力発電設備	20kW 未満

（令和5年3月　電気事業法および同施行規則改正による）

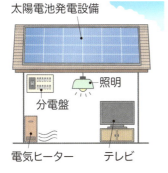

一般用電気工作物

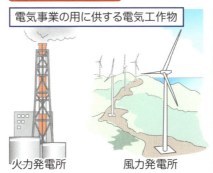

事業用電気工作物　電気事業の用に供する電気工作物（火力発電所／風力発電所）

自家用電気工作物　キュービクル

発電から送電、受電の系統

発電、変電、送配電、および需要家までの系統は以下のようになっている。

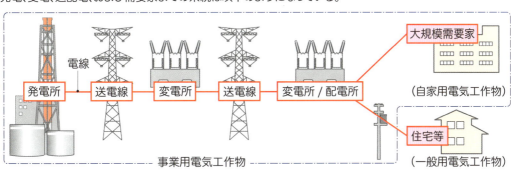

3 建物内の電気設備

電圧によって分けられている　電圧の種別

電圧の大きさにより以下のように低圧、高圧および特別高圧の3種に分けられています。
- ❶ 低圧　　　直流 750 V 以下および交流 600V 以下
- ❷ 高圧　　　直流 750V 超 7,000V 以下および交流 600V 超 7,000V 以下
- ❸ 特別高圧　7,000V 超

電気工作物のうち、低圧引込によるものを**一般用電気工作物**、高圧以上の引込によるものを**自家用電気工作物**といいます。

契約電力により受電方式が異なる　受電方式の区分

電力会社と契約するときに、その使用する電力により受電方式が区分されています。

一般的に、契約電力が 50kW 未満の場合は、**低圧電気**による受電方式となります。契約電力が 50kW 以上 2,000kW 未満の場合は、**高圧電気**による受電方式で、2,000kW 以上になる場合は、特別高圧電気による受電方式となります。

住宅、小規模店舗および小規模ビル等の電気設備　低圧受電方式

一般住宅においては、低圧電気で小容量（5A 契約）の電気の使用では、**交流単相2線100V**（標準電圧 100V で 1φ2W100V と表します）で、また 10A を超え 60A 以下の契約の場合には、**交流単相2線 100V**、または**交流単相3線 100V** および **200V**（標準電圧 100V で 1φ3W100V/200V と表し低圧電灯回線といいます）の電気方式が採用されています。

これは原則、「住宅の屋内電路の対地電圧（電線と大地間の電圧）を 150V 以下にすること」と省令（電気設備技術基準）で決められているので、上記の 1φ2W100V も 1φ3W100V/200V のいずれも対地電圧は 100V です。

電灯および小型機器以外に電気機器を**交流三相3線 200V**（3φ3W200V と表し低圧動力回線といいます）で使用する小規模の店舗およびビル等（以降小規模ビルと表示します）も低圧受電方式が採用されています。この場合、電灯（10A を 1kW とする）、動力のおのおのが 50kW 未満であれば低圧電灯回線（1φ3W100V/200V）と低圧動力回線（3φ3W200V）の引込みとなります。

ビル・工場等の電気設備　高圧（特別高圧）受電

中規模（契約電力 2,000kW 未満）までのビルや工場等は、高圧電気による受電方式で、大規模（契約電力 2,000kW 以上）になると特別高圧電気による受電方式となっています。

建物の規模・受電容量により決まる受電方式

住宅等小規模建物の電気設備

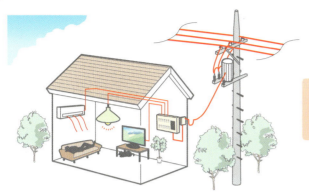

一般住宅では、低圧電流を100Vか200Vで引き込み、多くは10～60Aで契約している。

ビルや工場等の電気設備

中規模以上のビルや工場等は高圧か特別高圧電気を引き込む。ビル等の電気設備は主に以下のように分類される。

設備の分類	設備の内容
受変電設備	電力会社から高圧（または特別高圧）電気を敷地境界地点で受けて、財産と責任区分を分ける区分開閉器を設けて建物に引き込み、変圧器で低圧電気に降圧して電気を使えるようにしている
幹線設備	受変電設備の配電盤から使用場所の近くに設置する動力制御盤や電灯分電盤等とその配線
動力設備	制御盤から動力機器とその配管、配線
電灯設備	分電盤から照明器具、コンセントとその配管、配線
発電設備	原動機、発電機、配電盤および補機付属装置並びにその配管、配線。また、太陽光発電装置、コージェネレーション設備、燃料電池等とその配管、配線
動力貯蔵設備	直流電源装置（蓄電池設備）、交流無停電電源装置（UPS）等とその配管、配線
雷保護設備	受雷部、避雷導線、接地極、サージ保護装置等の配線
構内電話設備	交換機、本配線盤、電源装置、端子盤、および電話機等相互間の配管、配線
構内情報通信網設備	LAN（ローカル・エリア・ネットワーク）を構成する配管、配線
拡声設備	増幅器、スピーカー等とその配管、配線
テレビ共同聴視設備	アンテナ、増幅器、ユニット等とその配管、配線
自動火災報知設備	受信機、発信機、感知器等とその配管、配線
中央監視設備	監視制御装置、警報盤、表示操作盤等とその配管、配線
構内配電線路	引込設備、外灯設備等敷地内における配電線路

Column
電気設備設計とAI

　AIによって多くの仕事がなくなるという予測があります。新しい仕事も創設されるとは思いますが、多かれ少なかれ何かしらの形で設計の仕事にも入り込んでくると思います。建物の図面があれば条件を言うだけで、電気の図面が出来上がる、そんな時代もそれほど遠くないかもしれません。

　そうなったとしても、電気設計者の仕事がすべてなくなるとは思いません。AIで図面は出来てもお客（施主）様の要望と合っているかなど「感覚」で判断するのは最後は人だと思うからです。100人いれば100通りの好みがあるため、いわゆる正解がないのが設計です。大事なのは相手とのコミュニケーションなので、聞いた要望を簡潔にまとめ、的を得た言葉でAIに伝えることをどれだけできるかが、今後必要なスキルになるかもしれません。

　建築電気設備の設計を学べる学校がないに等しい今、技術者は年々減少しています。電気設備に興味を持ち設計の勉強をしてみようと思う人が増えてくれたらと思います。設計技術者は定年がないと言われ高齢でも現役で実務をこなしている方もいますが、限度はありますし最盛期と同等に仕事をこなせるわけではないと思います。今後はAIに作図部分を補ってもらう形で共存し、効率よく仕事をこなせる環境にならないと技術者不足は賄えないのではと感じています。

　仕事が奪われると思うのではなくあくまでも道具なので、うまく使いこなすものと考えたいものです。

※ここでの電気設備設計は、建築基準法で定められている電気設備設計以外のものも含めて、「設計」としています。

- 施主とのコミュニケーション
- 全体の仕切り
- AIの管理
- 現場実務

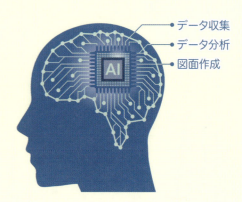

データ収集
データ分析
図面作成

第2章

電源設備

発電所で作られた電気は、送電・変電・配電設備を経て、各建物に送られます。建物に引き込まれた電気は、建物での使用電圧に降圧され、使用場所の各機械設備に配電されます。

本章では、発電所の発電設備における発電の方式から、送電方式、建物へ電気を引き込むための設備、法令により建物で必要とされる電気を発電する設備、電算機等に重要な瞬時電圧降下・停電対策の設備などについて説明します。

1 発電所から需要家への電気の供給

電気を作る　発電設備

　現在皆さんが使っている電気は、主に石油、石炭、天然ガスなどの化石燃料による火力発電設備、再生可能エネルギーによる発電設備、水力発電設備、原子力発電設備によるものです。

　火力発電設備は、石油やLNGなどの化石燃料を燃焼させた熱エネルギーで蒸気を作り蒸気タービンに送り、タービンの回転運動の機械エネルギーに変換して、発電機を運転して電気エネルギーとして発電する方式です。

　水力発電設備とは、水が移動するときの位置エネルギーを水車の回転運動の機械エネルギーに変換して、発電機を運転して電気エネルギーとして発電する方式です。

　原子力発電設備は、原子炉に核燃料棒を挿入し、熱中性子による核分裂の連鎖反応を起こさせ発生した熱エネルギーを冷却材で取り出し、熱交換器で水を蒸気に変換し、この蒸気を蒸気タービンに送り蒸気タービンの回転エネルギーで発電機を運転して電気エネルギーとして発電する方式です。

　再生可能エネルギーの主なものは、太陽光、風力や地熱など繰り返し得られるエネルギーを指します。**太陽光発電システム**は太陽光エネルギーを電気エネルギーに変換して発電する方式です。**風力発電システム**は風力エネルギーを風車で機械エネルギーに変換し、発電機の回転による電気エネルギーを得るシステムです。**地熱発電システム**は地中に眠る高温の水蒸気を使いタービンを回して発電するシステムです。

電気を送る・配る　送・配電設備

　上記の発電設備において作り出された電気は、送電電圧・周波数等を調整した後、**送電線路**で各所に送られます。途中、電圧等の調整のため**変電所**を経由して長距離を高電圧で各地の**配電所**に送られます。この間の設備を**送・配電設備**と呼びます。

　これらの送電方式には、**交流送電**と**直流送電**との2つの方式があり、前者の交流送電方式では日本の東西で50Hzと60Hzに分かれています。また、後者の直流送電方式は北海道－本州間、四国－本州間と、飛騨変換所または新信濃変換所で直流を別の周波数に変換する飛騨変換所－新信濃変換所間の直流連系を運用開始しました。

　送電線路は、架空送電線路と地中送電線路のいずれかにより施設されています。架空送電線路は、送電鉄塔により送電線が空中に架設されています。一方、地中送電線路は文字通り地中を電力ケーブルにより施設されていて、雷害、暴風雪、着雪等による事故が抑制され信頼度は高いのですが、その建設費は架空線路に比べて高くなります。

22

電気を生産し、送る技術

主な発電設備

発電量の統計実績

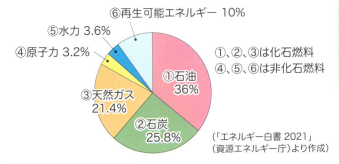

⑥再生可能エネルギー 10%
⑤水力 3.6%
④原子力 3.2%
③天然ガス 21.4%
②石炭 25.8%
①石油 36%

①、②、③は化石燃料
④、⑤、⑥は非化石燃料

(「エネルギー白書 2021」
（資源エネルギー庁）より作成)

化石燃料による火力発電は CO₂ の発生と経済性の問題の改善が進められている。一方、水力発電や太陽光・風力などの再生可能エネルギーの普及が促進されている。

各種発電設備の種類

● 火力発電の主なもの
・蒸気タービンを使った汽力発電・ディーゼル機関やガス機関を使った内燃力発電・ガスタービンを使ったガスタービン発電・汽力発電とガスタービンを組み合わせたコンバインドサイクル発電
● 水力発電の主なもの
・水路式発電所(流れ込み式)・ダム式発電所(貯水池式および調整池式・揚水式・逆調整池式)
● 原子力発電設備の原子炉の主な種類
・加圧水形炉(PWR)・沸騰水型炉(BWR)・ガス冷却炉(GCR)・高速増殖炉(FBR)

電力の連系

電力会社同士の電力の融通を行う際、周波数や交流・直流が異なる場合は変換が必要となる。

50Hz
60Hz
交流送電線
直流連系線

北海道電力
新信濃変電所
北陸電力
飛騨変換所
中部電力
関西電力
中国電力
九州電力
四国電力
東北電力
東京電力
東清水変電所
佐久間周波数変換所
交直変換所

北海道・本州連系線
北海道
北斗変換所
函館変換所
青函トンネル
今別変換所
上北変換所
青森
交直変換所

50Hz、60Hz 境界
新潟
富山
長野
群馬
岐阜
埼玉
山梨
愛知
静岡
富士市

第2章 電源設備

2 電気を引き込む

電気を低圧に下げて引き込む　一般用電気工作物

　一般用電気工作物と自家用電気工作物とでは電気の引込み方が異なります。

　一般用電気工作物は、電柱に取り付け（装柱）た**変圧器**で高圧電気を低圧電気に降圧して引き込んでいます。

　原則、**架空引込線**（かくうひきこみせん）により**需要家**（じゅようか）の建造物または補助支持物に引き込みます。電力会社はこの引込線を需要家が準備する**引込線取付金具**（ここを**引込線取付点**といいます）まで配線します。電力会社の引込線と引込線取付点における需要家側が準備する引込口配線の接続点が財産分界点となり、引込線取付点（需給地点）以降は**積算電力量計**（WHM：ワットアワーメーターといい電力量料金算出の計量器）と契約用ブレーカーとを除き需要家側の維持管理責任となります。ここでいう引込口配線とは、需給地点から引込開閉器に至る配線を指します。

　現在、都心部においては景観等の理由で電柱を撤去（てっきょ）して、一般用電気工作物への引込みが地中式（電力会社の引込線を地中式としたもの）となってきています。この場合は従来のように電力会社の電柱に変圧器（**トランス**）が設置できないので、地上式の変圧器（**パットマウントトランス**）を道路上に施設して地中引込みとなっています。

電気を高圧のまま引き込む　自家用電気工作物

　自家用電気工作物は、高圧（または特別高圧）電気を引き込んでいます。これは電力会社の配電所より直接、高圧（または特別高圧）電気を引き込み、需要家の構内で需要家が変電設備を準備し、必要な電圧に降圧します。

　高圧受電の場合も原則、架空引込線により、需要家の敷地境界の地点に配線します。需要家側がこの地点に**受電引込柱**を建て、**がいし**、**開閉器**（**遮断器**（しゃだんき））、**避雷器**（ひらいき）等を引込柱に装柱して準備します。

　電力会社の引込線と需要家側が設置する開閉器の一次側配線（縁回し線（ふちまわし））との接続点が責任財産分界点となります。以降電気室（受変電室）まで構内柱を建てて架空式とするか、地中埋設式とするかは需要家側で決めます。

　都心部においては敷地境界まで建物を建てたり、高圧配線が地中に埋設されているので、地中引込みとなっていて、引込地点にキャビネット型の開閉器ボックスを設ける方式となります。キャビネット型開閉器ボックスは電力会社の設備で、開閉器ボックス内の開閉器一次側（電気を供給する電力会社が接続する側）が責任財産分界点になります。

高圧・低圧で電気を引き込む

一般用電気工作物への低圧引込み

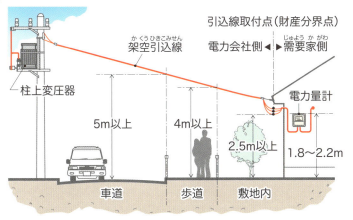

安全を確保するために架空引込線の高さが定められている。なお、高圧の場合は低圧よりも厳しい条件が定められている。

引込小柱を用いて、配線を地中埋設する場合もある。

一契約が 50kW を超える場合、以前はキュービクル等の高圧受変電設備が必要だったが、大規模な共同住宅等でも、パットマウントを用いて電灯と動力を各々 50kW にすることにより、キュービクルを設置しないことが可能となっている。

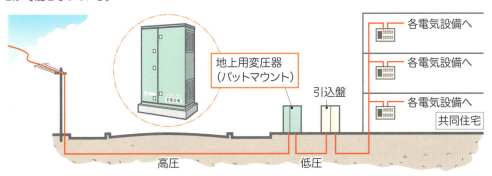

自家用電気工作物への高圧引込み

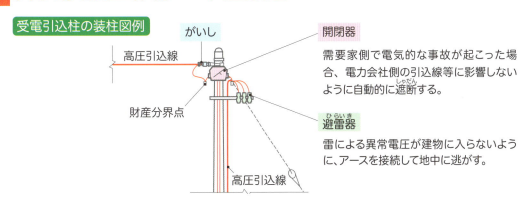

開閉器
需要家側で電気的な事故が起こった場合、電力会社側の引込線等に影響しないように自動的に遮断する。

避雷器
雷による異常電圧が建物に入らないように、アースを接続して地中に逃がす。

3 電気を使う

引き込んだ電圧のまま使用　　一般用電気工作物

　電気を引き込んでからの施設を**構内電気設備**といいます。
　一般用電気工作物では前述のように使用する電気設備の電圧で引き込んでいるので、電灯・コンセント等そのまま電気を使えます。その経路には、電力会社のWHM（ワット・アワー・メーター：積算電力量計）を経て**契約用ブレーカー**（**リミッター**といい電力会社からの貸与品）、**漏電遮断器**（**主幹**といいます）、**分岐ブレーカー**等を内蔵した分電盤を設置します。
　分電盤で単相2線の100V あるいは200V回路に分けて、回路ごとに必要箇所に配線して使います。たとえば、電灯コンセントであれば部屋ごとまたはいくつかの部屋をまとめて1回路、電子レンジ回路、冷蔵庫、冷凍庫などのコンセント回路や、200Vのエアコンコンセント回路等の用途別として、分岐ブレーカーに行き先表示をします。
　近年、住宅で太陽光発電設備（ソーラシステム）を設置することが多くなっています。詳しくは後述しますが（50ページ）、太陽光で発電された直流電気をインバーターで交流に変換し、連系装置を介して分電盤に接続して宅内で使えるようにしています。

低圧に降圧して使用　　自家用電気工作物

　自家用電気工作物では高圧電気または特別高圧電気で引き込んでいるので、電灯・コンセントやエレベーター、ポンプ、空調機等の動力設備がそのままの電圧では使えず、単相100Vや動力用の三相200Vに降圧する施設が必要となります。この施設を**受変電設備**と呼びます。
　受変電室に引き込んだ高圧電気または特別高圧電気は電力会社の**取引用計器**を経て**受電用遮断器**、需要家側に必要な計器類、そして低圧電気に降圧する**変圧器**に結ばれています。低圧電気となった単相、三相のそれぞれの回路は、**電灯配電盤**あるいは**動力配電盤**で、電灯負荷には**電灯分電盤**、動力負荷には**動力制御盤**等の用途別や階別等の必要箇所への幹線に分けられています。
　電力需要が大きい大規模の建築物では、三相4線式という線間電圧が415V、対地電圧が240Vで、動力設備には三相415V、蛍光灯などのトランスを内蔵した電灯設備には単相240Vを使う方式を採用しています。なお、100Vが必要なコンセント設備等には変圧器を設置して100Vを取り出します。この方式は、電圧が高ければ多くの負荷を分担できて電力会社との契約が有利となるメリットがあるからです。

26

電気は構内でどのように供給されているのか

一般用電気工作物の電気の流れ

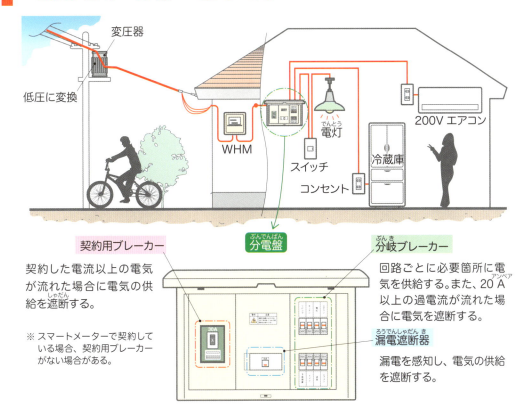

自家用電気工作物の電気の流れ

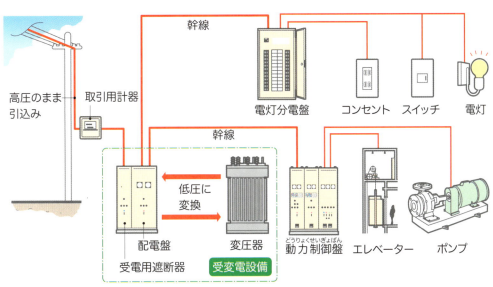

4 一般用電気工作物の契約と料金

電灯需要と電力需要に分けられる　需要区分

　電力会社との契約は、契約期間を電気使用開始日以降１年で自動更新し、１つの構内（同一敷地）、１つの需要家、１つの引込みで１つの契約となっています。アパートのような共同住宅の場合は、１棟で１つの引込線（共同引込線といいます）で引込線取付点から各戸に電力量計を取り付け、各戸契約となっています。

　一般用電気工作物の電気利用の用途（需要区分）は、**電灯需要**（電灯コンセント設備用）と**電力需要**（モーターなどの機械の動力設備用）に分けられています。

　電灯需要の契約には、❶月々の電気料金を一定とする**定額電灯**、❷家庭の場合の**従量電灯Ａ**（５Ａ契約）、**従量電灯Ｂ**（10・15・20・30・40・50・60Ａの契約）、および**従量電灯Ｃ**（容量契約）、❸使用期間が１年未満の**臨時電灯**（Ａ、Ｂ、Ｃ）、❹公共的な照明用電灯または自動火災報知機灯、消火栓信号灯、交通信号、海空路信号灯等が対象の**公衆街路灯**（Ａ、Ｂ）の４つがあります。

　電力需要の契約には、❶契約電力が**50ｋＷ未満**、❷使用期間が１年未満の**臨時電力**、❸農事用かんがい排水のための**農事用電力**の３つがあります。

燃料調整費と太陽光発電促進付加金を加算　電気料金のしくみ

　需要家の電気料金は、契約電流または契約容量による基本料金と、使用電力量に応じて計算する使用電力量料金に、燃料費の変動に応じて加算あるいは差し引いて計算した燃料費調整額を加えた電力量料金に再生可能エネルギー発電促進賦課金を加えた合計です。

　住宅の場合は原則、「屋内電線路の対地電圧を150Ｖ以下にすること」と省令（電気設備技術基準）で規定されているので、原則動力用の電気は使えず従量電灯という契約になります。

　住宅以外の小規模ビルや店舗あるいは工場などでは、電灯コンセント設備のほかモーターなどの動力用として電気が必要な場合、動力用電気を引き込むことができます。

　電力需要の電気料金は、契約電力による基本料（力率によって割引あるいは割増があります）、および使用電力量に季節による料金単価を乗じた額に燃料費調整額を加算した電力量料金、ならびに再生可能エネルギー発電促進賦課金を合わせたものとなります。また、低圧電力契約で蓄熱空調システム運転を併設すると蓄熱割引がされるメリットがあります。

電気料金はどのように決まるか

共同住宅の各戸契約

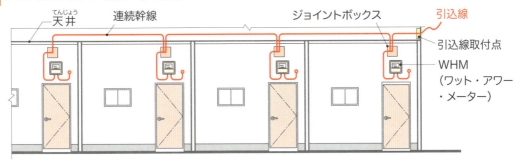

契約の種別と電気料金設定のしくみ

電灯需要は以下の4つに分類される。一般的な電気料金設定では、契約区分ごとに決められた基本料金に、使用した電力量の料金と省エネ賦課金が加算される。

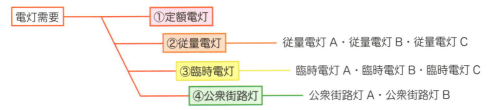

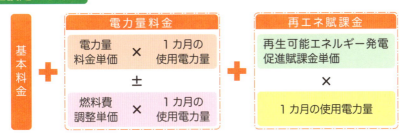

力率とは？

力率とは、交流の電気に含まれる有効電力 P (単位は W：ワット)（仕事をする電力）と無効電力 Pq（単位はVar：ヴァール）（仕事をしない電力）のうち皮相電力 Ps（単位は VA：ボルトアンペア）の割合のことを指していて、その関係は以下のように表される。

この有効電力と皮相電力との間の角度の $\cos\theta$ を力率といい、$\cos\theta=$ 有効電力 / 皮相電力で、ベクトル図では左図のように表す。

5 自家用電気工作物の契約と料金

需要設備の総容量により区分される　契約電力と受電電圧

　自家用電気工作物は、一般用電気工作物の場合と同様、契約期間を電気使用開始日以降1年で自動更新、1つの構内（原則同一敷地）、1つの需要家、1つの引込みで1つの契約となっています。ただし、一般用電気工作物の場合と異なり、電灯需要と電力需要の区分がなく、需要設備の総容量で契約電力を決める方式です。また、契約電力の容量により受電電圧が高圧電気か特別高圧電気かに分けられています。

　自家用電気工作物の受電方式は、高圧（または特別高圧）電気で基本的に**1回線方式**ですが、建物の用途や重要度、信頼性、経済性、保守性などと、電力会社の配電計画と検討・協議のうえで、受電方式が**2回線**（本線・予備線等）**方式**、また地域・周辺の設備状況により**ループ受電方式**（環線受電方式ともいいます）、22kV あるいは33kV の**スポットネットワーク受電方式**（原則3回線受電）となります。2回線受電方式、ループ受電方式、およびスポットネットワーク受電方式のいずれも、1つの配電線が停電しても残りの配電線で受電できるので、停電時間を短縮できたり、無停電にできたりするなど、受電の信頼度が高くなります。

契約電力は年間の最大需要電力により変わる　契約電力の算出方法

　自家用電気工作物の契約は、ビル、商業施設等の業務用電力と工場等の産業用電力の需要家の業務形態により料金単価が異なるため、二分されています。また、季節と時間帯別に区分して算出されます。

　契約電力の算出は、❶変圧器の総容量に需要率と力率を乗じて契約電力を決定する方式、❷変圧器の容量に段階的に係数を乗じた値の合計を契約電力とする方式の2通りがあり、最初の1年間はそれまでの最大需要電力を契約電力に変更して（ある月の最大需要電力がそれまでの契約電力の値を超えるたびに更新した値が新たな契約電力となります）、さらに1年経過後に各月の最大需要電力のうちで最も大きい値を翌年の契約電力とする実量制契約となります。**最大需要電力**（**最大デマンド**といいます）が決まる基準は、使用した電力を30分ごとに計測し、そのうち月間で最も大きい値となるため、需要家側で**デマンドコントロール**（最大デマンドを超えないように使用量の**ピークカット**をして負荷調整を行い、また力率も調整します）設備を設置します。

　自家用電気工作物でも力率による割増あるいは割引があります。

受電方式の種類とコスト削減

受電方式の種類と特徴

1回線受電方式

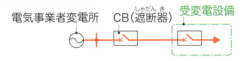

1回線受電方式は、変電所から需要家側の受変電設備までを1回線でつなぐシンプルな構成。

平行2回線受電方式

ループ受電方式

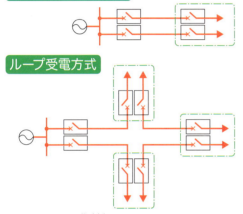

複数の需要家を循環させる受電方式で、常時2回線の接続のため、一方の回線にトラブルがあった場合、もう一方の回線で受電する。

本線・予備線方式

本線（受変電所A）からの電力供給にトラブルがあった場合、予備線（変電所B）からの受電に切り替えることができる。

スポットネットワーク受電方式

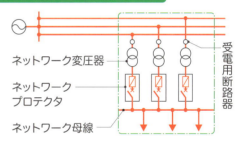

コストは高くなるが、常時、複数回線から受電できるので、停電の心配が少なく、最も信頼性の高い受電方式といえる。

最大デマンドのコントロール

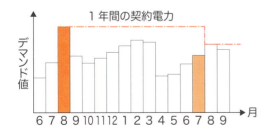

たとえば7月の契約電力は、過去1年間の最大デマンドが基本料金として継続するので、コスト削減には消費電力をピークカット、ピークシフトするなど最大デマンドの監視システムの導入が有効となる。

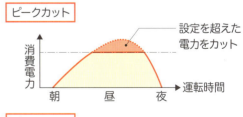

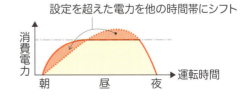

6 交流と直流

電気には交流と直流がある　2つの性質

　電力会社から引き込んでいるのは交流です。一方、乾電池や携帯電話などで使用する電気は直流です。

　交流AC（<u>A</u>lternating <u>C</u>urrent）は、一定の周期で振動する波（0→プラス→0→マイナス→0を繰り返す正弦波といい、これが1つのサイクルで周波数を表しHzで表記します）があります。わが国では、50Hzと60Hzの2種類あり、東日本と西日本とに二分されています。50Hzでは、1秒間で50回このサイクルが繰り返されています。

　なお、50Hzと60Hzの2種類となった原因は、明治時代に発電機を導入する際、東日本はドイツAEG社製を、一方、西日本側ではアメリカGE社製を採用した結果で、第二次世界大戦直後に統一の計画があったようですが、統一されずに現在まで続いています。

　直流DC（<u>D</u>irect <u>C</u>urrent）は、交流のような波ではなくフラットでプラスとマイナスの2極があります。また、電池などは直流の電気を蓄えられますが使っていると消耗して電圧が低下します。

　皆さんが家庭で使っているコンセントから送られる電気は交流100Vですが、これを電源として使っている電気製品は、実は直流の電気で動くいわば弱電といわれるものが多いのです。たとえば、LED照明、テレビ、ラジオ、録画デッキ、パソコン、オーディオ製品、携帯電話等はACアダプターを内蔵、あるいは外付けとなっていて、交流100Vを直流5〜24V程度に変えて使っています。これは交流100Vのままだと感電等の危険があり、その回避のための措置（絶縁）や内部配線等の制約があり、大型となってしまうからです。

　交流（AC）と直流（DC）のそれぞれのメリットを比較してみましょう。

ACのメリット　❶ 変圧器による降圧・昇圧が可能である。
　　　　　　　　❷ 電圧調整が可能なので送配電にも有利である。
　　　　　　　　❸ 電力機器等に汎用性がある。

DCのメリット　❶ 電圧と電流に位相差がなく無効電力の対策が必要ない。
　　　　　　　　❷ モーター類の動作が良好で、回転速度の反応が早い。
　　　　　　　　❸ 電気を蓄えられる。
　　　　　　　　❹ 感電災害の危険度が低い。

電力と電流のしくみ

交流（AC）のしくみ

時間によって電圧や電流の向きが変化し、一定のサイクルで（＋）と（−）を繰り返すことが交流の特徴。正弦波、三角波、方形波などがあり、正弦波が最も代表的な交流の波形となる。

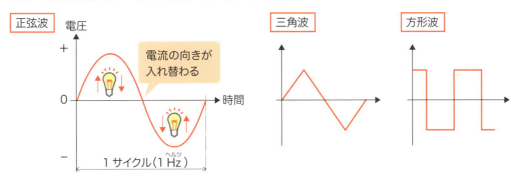

電力の発生と三相交流の原理

磁石をコイル内に出し入れすると、コイルの中の磁界が変化して電流が流れる。このような現象を電磁誘導という。火力発電所などの電力を発生させるしくみは、この電磁誘導の原理を利用したもので、120°ずれた3つのコイルの中の磁石を回転させることによって、3つの異なるA相、B相、C相の交流を発生させている。これが三相交流である。

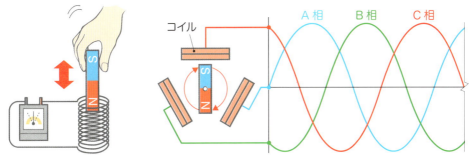

直流（DC）のしくみ

直流は、電圧と電流の向きがフラットで、時間によって（＋）や（−）に変化しない平流が最も代表的な直流の波形となる。脈流や方形パルスのように電圧が変化する波形もあるが、交流のように（＋）と（−）を繰り返すことがないので、これらの波形も直流に分類される。

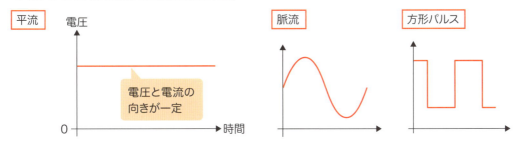

7 感電の回避

わかれば納得、対処ができる　　感電の危険性

　感電した場合の危険度を直流の場合と交流の場合の比較で考えてみましょう。

　同じ電圧でも直流で感電した場合は筋肉が硬直するといわれ、交流で感電した場合は心臓の筋肉が痙攣するそうで、交流の感電による危険度は直流の5～6倍程度高いといわれています。

　AC100 V でも危険といわれています。感電事故回避が必要な訳を考えてみましょう。

　みなさんは、理科の時間に「**オームの法則**」を学んだでしょう。思い出して下さい。オームの法則は、「流れる電流は印加した（加えた）電圧に比例し、抵抗に反比例する」という原理で、それを式に表すには、電流 I〔A〕、電圧 V〔V〕、比例定数 R〔Ω〕とすると、$V = RI$〔V〕となり、この比例定数 R が電気抵抗を示します。

　人間の体の抵抗は、皮膚が乾燥した状態では通常 4,000 Ω といわれています。このとき 100V の電気に感電したら、$I = \dfrac{V}{R}$〔A〕で 0.025〔A〕すなわち 25mA が体に流れます。汗をかいた状態では、体の抵抗は 2,000 Ω といわれているので、100V に感電すると $I = \dfrac{V}{R}$〔A〕で 0.050〔A〕すなわち 50mA が体に流れます。電圧が高ければ体に流れる電流は高くなるので、危険度はその分高くなります。

　では、人間の体にどのくらいの電流が流れたらどのようになるか、一般的にいわれていることを以下にまとめてみました。

　　1mA ではビリッと感じる。
　　5mA では苦痛を感じる。
　　10mA では耐え難い苦痛を感じる。
　　20mA では筋肉が痙攣し神経がマヒして自力では動けなくなる。
　　50mA では呼吸が困難となり死に至る確率が高くなる。
　　100mA では心臓の筋肉が障害を起こし呼吸が停止し死に至る。

　このように 20mA の電流が体に流れると、自力で脱出ができなくなる危険があります。一般家庭に設置されている漏電遮断器の感度電流は 30mA（不動作電流 15mA、動作時間 0.1 秒）になっていますが、建設現場などで施設されている漏電遮断器の感度電流が 15mA になっているのはより危険が多く存在するためです。

　電気はうまく使えば非常に便利ですが、感電という危険が常に存在しています。

感電のしくみと感電事故の回避

どうして感電するのか

水が高いところから低いところへ流れるように、電流も高圧から低圧に流れる。仮に人が電圧のかかっている電線にぶら下がっても感電しないが、ぶら下がった状態で地面に足が着いているとしたら感電する。

ぶら下がった両手に電位差（電圧の差）がほぼ無いので感電しない。

電線に触れた手と地面には電位差があるので、体に電流が流れ、感電する。

オームの法則

上図の感電によって体に流れる電流をオームの法則を利用して解いてみよう。電圧 $V=100V$、体の抵抗 $R=4,000Ω$ とすると体に流れる電流の大きさは？

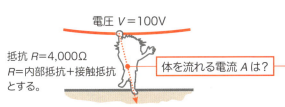

電圧 $V=100V$

抵抗 $R=4,000Ω$
$R=$内部抵抗＋接触抵抗
とする。

体を流れる電流 A は？

÷ を意味する
× を意味する

$V=$電圧（V）
$R=$抵抗（Ω）
$I=$電流（A）

I を隠すと式が導き出される

$I = \dfrac{V}{R}$ より　$I = \dfrac{100}{4,000} = 0.025 = 25mA$

感電事故を防ぐ

電流は抵抗の小さいほうに流れるので、アースに大部分の電流が流れ、感電の危険を回避できる。

漏電した電子レンジ

アース（接地）

濡れた状態は電気抵抗が小さく、電流が流れやすくなる。濡れた手でコンセントなどに触れてはいけない。

漏電遮断器

電気設備に関する技術基準を定める省令第15条（地絡に対する保護対策）では、「電路には、地絡が生じた場合に、電線若しくは電気機械器具の損傷、感電又は火災のおそれがないよう、地絡遮断器の施設その他の適切な措置を講じなければならない。ただし、電気機械器具を乾燥した場所に施設する等地絡による危険のおそれがない場合は、この限りでない」と地絡遮断器（漏電遮断器）の設置を義務付けている。

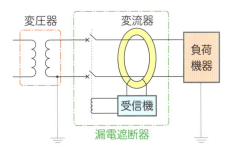

変圧器　変流器　負荷機器　受信機　漏電遮断器

8 電気方式

電灯・コンセント設備で使われる電気方式　100V または 200V

　前述しましたが、住宅では対地電圧が 150 V を超える電気を原則使うことができません。電灯・コンセントは線間電圧が 100V、また、近年エアコンや IH 調理器（クッキングヒーター）などの比較的大きな容量の電気機器は線間電圧が 200V ですが、対地電圧はどちらも 100V なのです。

　なぜ 100V と 200V があるのでしょうか？　考えてみましょう。

　前項の感電のところで思い出したオームの法則を復習すると、「流れる電流は印加した（加えた）電圧に比例し、抵抗に反比例する」という法則で、それを式に表すには、電流 I〔A〕、電圧 V〔V〕、比例定数 R〔Ω〕とすると、

　$V = RI$〔V〕となります。

　すなわち、電圧が高ければその分電流が少なくてすむといえます。

動力設備で使われる電気方式　3φ3W200V または 3φ4W240V/415V

　動力設備は、その仕事量および内容から、かなりの"力"が必要となり、そのエネルギーをもたらすものが三相3線式200V（3φ3W200V）または三相4線式240V/415V（3φ4W240V/415V）という電源です。

　交流の三相ですから正弦波が3つ重なった波形で、その波形が120°ずつずれています。この波形のずれがモーターを回転させる磁界（回転磁界）を作ります。また単相との違いはその波形図（33 ページ参照）からもわかるように、常に＋と－が存在（単相では波形のずれが 180°であるため＋か－の2つだけです）するので脈動が起こりません。

　動力の場合も電圧が高ければその分電流は少なくてすむので、大型の建物では 3φ4W240V/415V 式を採用して省エネルギー対策として、契約電力の抑制、さらに使用する電線の量も抑えることができるなど、ランニングコストおよびイニシャルコストなどコストパフォーマンスにメリットがありますが、使用する機器類の電源が 415V と高いため、汎用品は使えないという欠点もあります。

　この 3φ4W240V/415V では、三相 415V は動力として、単相 240V は直管 LED ランプ等の電灯回路に使いますが、100V のコンセント回路等の電気器具には、変圧器で降圧して使えるようにしています。

規模や用途によって電気方式は異なる

電気方式の種類

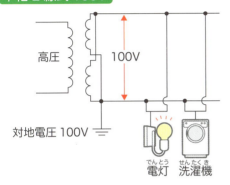

電灯、コンセント、一般的な家庭用電気機器で使われる電気方式。

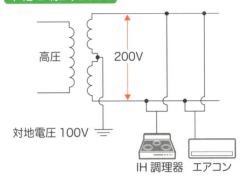

比較的容量の大きいエアコンやIH調理器などに使われる。

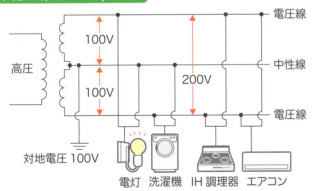

単相3線式は、中性線と電圧線をつなぐと100V、電圧線同士をつなぐと200Vを取り出せる。近年、オール電化の影響もあり、一般家庭でも高出力のエアコンやIH調理器などの利用が増え、単相3線式が利用されるようになってきた。

単相3線式200Vコンセント

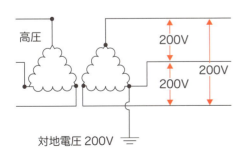

工場などの動力の利用に適している。単相200Vと三相200Vを取り出せる。

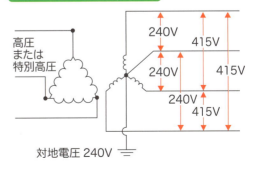

星形の結線から中性線を引き出した4線による配電で、大規模なビルや工場などで使われる。

9 受変電設備

2つの受変電設備の方式　開放形受変電設備と閉鎖形受変電設備

　自家用電気工作物では、電力供給会社から高圧または特別高圧電気で受電したあと、構内で使う電圧に降圧します。そのための設備を総称して、**受変電設備**といいます。

　この受変電設備の構造は、受電用遮断器や変圧器、高圧コンデンサなどの高圧機器やこれらへ高圧電気を配線している母線、配電盤、がいし等をフレームパイプで組んだ中に開放状態で設置する方式の**開放形受変電設備**（**オープン式受変電設備**ともいいます）と、受電用遮断器や変圧器、高圧コンデンサなどの高圧機器やこれらへ高圧電気を配線している母線、配電盤、がいし等の一部または全部を金属製の箱体の中に組み込んだ**閉鎖形受変電設備**（**キュービクル式受変電設備**ともいいます）に分けられます。

現場で組立て施工　開放形受変電設備（オープン式）

　開放形受変電設備は、現場でフレームパイプや鋼材を組んで高圧機器類や高圧母線を取り付けます。また、高圧の配線や機器類がムキだし状態となっていて、充電部が露出し触れやすいことで、特に安全面で離隔距離の確保等で施設する面積を広くとる必要があります。

　組立て施工はすべて現場で行います。屋外での施工では天候の影響を受ける場合もあり工期に影響を及ぼす場合もあります。

　また、現場ごとでの施工のため、施設の品質水準のバラツキ等の問題もあるので一般の物件では採用例が少なくなっていますが、電力会社や電気鉄道会社の施設では多く見受けられます。

工場製作で現場に据付け　閉鎖形受変電設備（キュービクル式）

　閉鎖形受変電設備は、専門の製造工場で箱体に高圧機器や高圧母線を組み込んで製作されるので、現場ではこれらを搬入して据付け結合させる作業だけとなり、屋外での施工では据付け結合以外では工期に影響するような事態はあまりありません。

　閉鎖形の場合は、工場で製作され、現場での施工時間は短くてすみ、充電部の露出もなく安全性に優れ、品質も確保されているので最近では採用例が多くなっています。

受変電設備には開放形と閉鎖形がある

開放形受変電設備（オープン式）

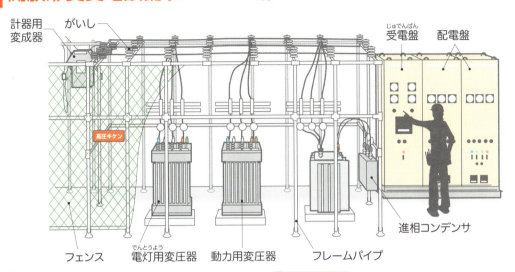

メリット
- 機器の入れ替えなどが容易。
- 配線や機器の状態が目視で確認できるので、点検しやすい。

デメリット
- 所要面積が広くなる。
- 配線や機器などが露出しているので、感電の危険性が高くなる。

閉鎖形受変電設備（キュービクル式）

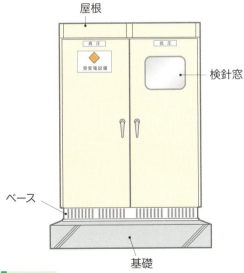
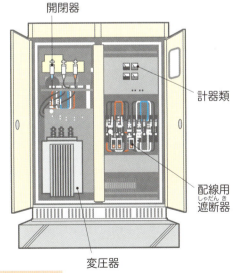

メリット
- 省スペースで、専用の部屋を必要としない。
- 機器が収納されているため、感電の危険性が低く、安全性が高い。

デメリット
- 機器の温度上昇により、熱がこもりやすい。
- 機器の入替えや、能力の増強にやや難がある。

10 受変電設備機器

電力会社や他の需要家に事故などの影響を波及させない　受電用遮断器

電力供給会社や他の需要家に自分の電気工作物内（以降、自家工作物といいます）での電気事故等（過電流や短絡事故・地絡事故・異常電圧など）の影響を波及させないために、自家工作物内の受電点以降で電流を遮断する機能を持たせた**受電用遮断器**を設備します。受電用遮断器の遮断時間等は、電力会社と協議して設定します。また、自家工作物内でも負荷系統を保護するために末端に近いところから遮断させるようにします。このような、電気事故等の影響範囲を広げないための方策を**保護協調**といいます。

電気を引き込んで使える電圧に変える　変圧器

自家用電気工作物では、高圧（または特別高圧）で引き込んだ電圧を動力用（3φ200V または 415 V）と、電灯用（1φ 100 V /200 V）に変圧する変電設備を設けます。この、電圧を降圧する機器を**変圧器**といいます。

変圧器には、動力用として**三相変圧器**を、電灯用として**単相変圧器**を用います。また、変圧器には、**油入変圧器**、**モールド変圧器**などの種類があります。

同じ電気で仕事を有効にさせる　コンデンサ

動力設備では、電圧と電流の積に力率を乗じたものを電力（仕事をする電力）といいます（**有効電力**を指します）。この電力は実際に消費される電力です。

このときの力率が悪いと見かけ上の電力（**無効電力**といいます）が大きくなり、無効電力が大きくなると電力供給会社から割増の請求がされるので、この無効電力を回復させる**コンデンサ**という機器を用います。

自家用電気工作物では、動力負荷の容量に見合った容量の高圧コンデンサを受変電室に設け、デマンド制御で負荷の状態により総コンデンサ容量を制御して無効電力を減らしています。

負荷に電気を配る　配電盤

引き込んだ電気を建物で使う電圧に変換しても、そのまま負荷に接続することはしません。負荷の中心に近い場所に電灯の場合は**電灯分電盤**を、また、動力の場合は**動力制御盤**を設けます。この分電盤や動力制御盤への電源を分けて配る（系統に分けて配る）部分を配電盤が受け持ちます。ちなみに配電盤から各分電盤や動力制御盤へ至る部分を幹線といいます。

受変電設備の内部はどうなっているのか

主要機器の構成

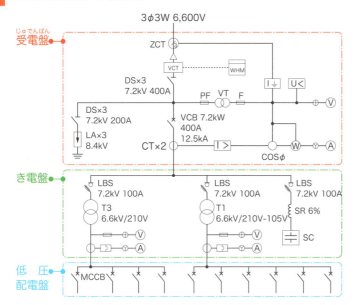
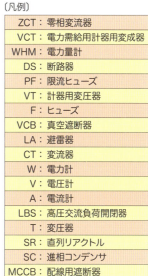

〔凡例〕

ZCT	零相変流器
VCT	電力需給用計器用変成器
WHM	電力量計
DS	断路器
PF	限流ヒューズ
VT	計器用変圧器
F	ヒューズ
VCB	真空遮断器
LA	避雷器
CT	変流器
W	電力計
V	電圧計
A	電流計
LBS	高圧交流負荷開閉器
T	変圧器
SR	直列リアクトル
SC	進相コンデンサ
MCCB	配線用遮断器

受電用遮断器

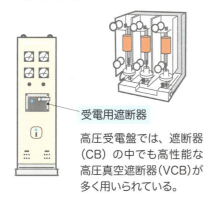

受電用遮断器

高圧受電盤では、遮断器（CB）の中でも高性能な高圧真空遮断器（VCB）が多く用いられている。

変圧器

油入変圧器

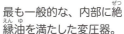

最も一般的な、内部に絶縁油を満たした変圧器。

モールド変圧器

小型軽量化が可能で、安全性が高い。

進相コンデンサ

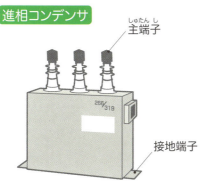

主端子
接地端子

配電盤

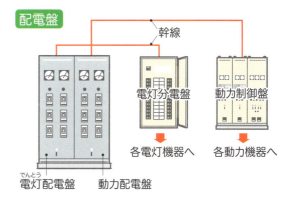

幹線
電灯分電盤
動力制御盤
電灯配電盤　動力配電盤
各電灯機器へ　各動力機器へ

第2章 電源設備

41

11 分電盤

電気を分ける　分電盤の機能

電灯コンセントなどの電気を使うところに分ける機能を持った箱を**分電盤**といいます。動力の場合は特に**動力制御盤**といいます。

幹線で送られた単相3線100V/200Vの例で話を進めます。

分電盤の負荷は、電灯・コンセント回路で、電気を使うエリア別または用途別に分担を決めて小回路（20A回路）に分けます。これは、どこか1箇所で電気の使い過ぎや、ショートなどの事故があったときに全体が停電するのを防ぐとともに、その回路に見合った電線で配線できるからです。

分電盤という箱　分電盤の構成

分電盤は、鉄製あるいは樹脂製の箱の中に、幹線で送られた電気を開閉する**主幹**という**遮断器（メインブレーカー）**と、エリア別または用途別に回路を分ける**盤内配線**、および**分岐ブレーカー**を設けています。これらは、取り付ける場所によって壁埋込み型、あるいは壁面露出型に分かれます。いずれも充電部に触れると感電の危険があるので箱に収めるようになっています。充電部とは、右図の分電盤の内部の分岐ブレーカーの中間に示された赤とグレーの配線部分を指します。

分電盤の中身　単相100Vと200Vの分岐回路

分電盤の分岐用配線で1φ200V専用回路と100V回路に分けて分岐回路を準備します。分岐ブレーカーで200V回路には2極（2P）のブレーカーを、100V回路には1極（1P）のブレーカーを配置します。200Vの2Pのブレーカーはどちらの配線も電圧がかかっているので同時に遮断するようになっています。100Vの1Pのブレーカーでは充電側の極を遮断して、ニュートラル側は1箇所にまとめて結線して遮断はしません。また水気のある場所で電気を使うような回路には、分岐ブレーカーに漏電遮断器を設けておきます。

その他の機能を備えた分電盤　多機能型分電盤

現在住宅では、太陽光発電システムによるオール電化、ガス発電・給湯暖冷房システム等と電気を蓄電しておくシステムの採用が多くなりました。これにともない自家発電した電気を使わないときに電力供給会社に余った電気を買い取ってもらう（売電）、あるいはこの自家発電した電気だけでは足りない場合には、電力供給会社からの電気（常用電源といいます）を使うシステムができています。さらに、電気の使い過ぎの見張り警報を出す機能を備えた**多機能分電盤**が作られています。

42

電気を分岐させる分電盤のしくみ

分電盤の内部構成

一般的な住宅の分電盤の内部は以下のように構成されていて、分岐ブレーカーによって回線が各機器に振り分けられている。

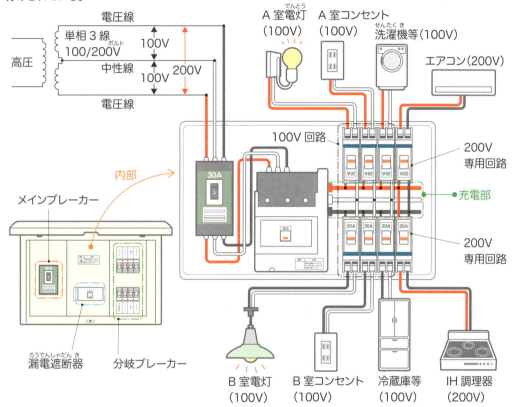

オフィスビルなどの業務用の分電盤は用途に応じて、電灯用の電灯盤、モーターやポンプといった動力用の動力制御盤から各機器に電力供給される。

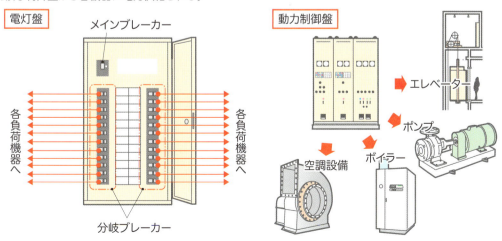

12 防災電源設備

電源は3つある　電源設備

電源には、①常に使っている**常用電源**（商用電源ともいいます）、②火災の延焼を防止し、人命保護、防火、避難等のための電源として建築基準法で規定されている**予備電源**、また、③火災を予防し、鎮圧するための消防の用に供するための電源として消防法で規定されている**非常電源**の3つがあります。

設置義務　防災電源

建築基準法および消防法では、火災等の災害時に常用電源が断たれ停電したときに、防災設備の電源をただちに予備電源または非常電源に自動的に切り替え、所定の時間以上、防災設備の機能を保持させるような電源の設置が義務づけられています。これら予備電源と非常電源とは基本的には差異がなく共用しているので、総称して**防災電源**といいます。

建築基準法による設置義務　予備電源

建築物の用途、規模、構造等によって建築基準法による防災設備（非常照明、排煙設備、非常用エレベーター、防火設備（防火戸、防火シャッター）など）とそれに適用できる予備電源（自家用発電装置（建築基準法では「装置」と呼びます）、蓄電池設備など）と、その予備電源の最少動作容量が規定されています。

消防法による設置義務　非常電源

建物の用途、規模、構造等によって消防法による消防用設備等（消火設備、警報設備、避難設備や消火活動上必要な施設など）とそれに適用できる非常電源（非常電源専用受電設備、蓄電池設備、自家用発電設備（消防法では「設備」と呼びます）、燃料電池設備など）と、その非常電源の最少動作容量が規定されています。

容量が決められている　最少作動時間

建築基準法による予備電源も、消防法による非常電源もともに、その容量が対象となる設備ごとに容量が最少作動時間として規定されています。

建築基準法による最少容量は、非常照明点灯と排煙、区画を作るのに30分、消火の非常用エレベーターに60分といわれています。

消防法による最少容量は、知らせるのに10分、逃げるのに20分、消火に30分、特殊消火に60分、連結送水に120分といわれています。

非常時に備えて設置する防災電源

防災電源は法で設置が義務付けられている

電源の分類

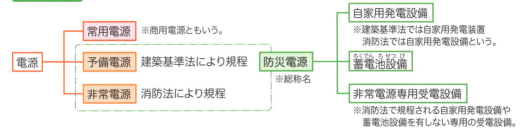

建築基準法による防災設備と適応予備電源

防災設備	予備電源	自家用発電装置	蓄電池設備	自家用発電装置＋蓄電池設備※1	内燃機関※2	最少作動時間（以上）
非常用の照明装置	特殊建築物		○	○		30分
	一般建築物	△※3	○	○		
	地下道（地下街）		○	○		
非常用の進入口（赤色灯）			○			
排煙設備		○	○	○	△※4	
非常用の排水設備（地下街の地下道）		○	○	○		
防火戸・防火シャッター等			○			
防火ダンパー等・可動防煙壁			○			
非常用のエレベーター		○		○		60分

※1　10分間作動できる容量以上の蓄電池設備と40秒以内に始動する自家用発電装置に限り使用可。
※2　電動機付きのものに限り使用可。
※3　居室で10秒以内に始動するものに限り使用可。
※4　特別避難階段の附室、非常用エレベーターの乗降ロビー以外に限り使用可。

消防法による防災設備と適応非常電源

	防災設備	非常電源	自家用発電設備	蓄電池設備	非常電源専用受電設備	最少作動時間（以上）
知らせる設備	ガス漏れ火災警報設備			○		10分
	自動火災報知設備・非常警報設備			○	△	
逃げる設備	誘導灯			○		20分
消火・その他の設備	屋内消火栓設備・スプリンクラー設備・水噴霧消火設備・泡消火設備・屋外消火栓設備・排煙設備・非常コンセント設備		○	○	△	30分
	無線通信補助設備			○	△	
特殊消火設備	不活性ガス消火設備・ハロゲン化物消火設備・粉末消火設備		○	○		60分
連結送水	連結送水管		○	○	△	120分

△：1,000m² 未満の特定用途防火対象物と特定用途防火対象物以外に適用。

13 自家用発電設備

小さいものから大きいものまで　発電設備の種類

　自家用発電設備には、お祭りや縁日の仮設用として使われる20Ａ（アンペア）程度のガソリン発電機や、トラックに搭載されている出力200ｋＷ（キロワット）くらいの発電機、さらに建物に据付けされている定置式で大容量のものまでいろいろあります。トラック搭載型は現場の仮設用として、また、非常時に必要場所に運搬して非常電源として使用します。定置式の自家用発電設備は、その建物の用途に合わせた出力を準備しています。

いろんな使われ方　発電設備の用途

　建物や施設の電力使用のピークカットや熱エネルギーを作るときに電気エネルギーを得るシステムとして、常用電源と並列にまたは独立して常時運転されるものがあります。これを**常用発電設備**といいます。また、通常は停止していて、常用電源が停電したときに始動運転する、建築基準法、消防法による防災設備の電源確保のための**防災用発電設備**があります。さらに、通常時は常用発電設備として運転し、常用電源が停電した場合に防災電源や保安設備の電源を確保する**常用防災兼用発電設備**があります。

電気エネルギーを得る稼働方法　発電設備

　発電機を駆動させる原動機として内燃機関（ディーゼルエンジン、ガスエンジン、ガスタービン等）に発電機を連結し回転エネルギーで電気エネルギーを得る方法、また、回転エネルギーを使わない燃料電池により電気エネルギーを得る方法があります。

燃料が軽油、重油のエンジン　ディーゼル機関

　ディーゼルエンジンを使います。ディーゼルエンジンは、自動車に使われているようにレシプロエンジンでピストンの往復運動により発電機に回転エネルギーを伝えています。

燃料がガスのエンジン　ガス機関

　燃料のガスが都市ガスの場合と液化燃料（LPガス）の場合があります。前者では火花点火で、後者は圧縮点火で運転します。

燃料が高圧ガス　ガスタービン

　気体を圧縮機で圧縮したところに点火して生じた高温・高圧ガスでタービンを回します。ガスタービンの回転数が毎分数千から数万の高速回転で運転するので、減速装置を介して発電機にこの回転エネルギーを伝えています。ガスタービンは、ピストンの往復運動がなく、振動がなく、冷却水が不要ですが、ディーゼルエンジンの３～４倍の給気が必要です。

いざというときに活躍する様々な自家用発電設備

自家用発電設備の種類

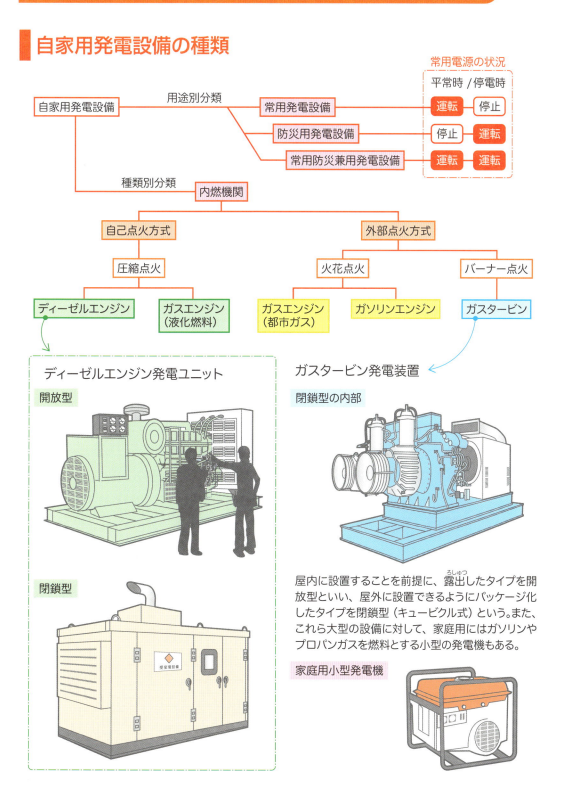

屋内に設置することを前提に、露出したタイプを開放型といい、屋外に設置できるようにパッケージ化したタイプを閉鎖型（キュービクル式）という。また、これら大型の設備に対して、家庭用にはガソリンやプロパンガスを燃料とする小型の発電機もある。

14 蓄電池設備

2つに大別される電池の種類　一次電池と二次電池

　化学エネルギーを電気エネルギーに変換して電源とする装置を電池といい、放電すると電池内の物質が消耗して電源を取り出せなくなるものを**一次電池**といいます。この一次電池には、乾電池、水銀電池などがあります。一方、放電して化学変化した電池に外部から電気エネルギーを与えて（充電して）繰り返して電気エネルギーを取り出せるものを**二次電池**といいます。この二次電池のことを**蓄電池**と呼び、**鉛蓄電池**、**アルカリ蓄電池**があります。二次電池の設備を**蓄電池設備**とか**電力貯蔵設備**などといいます。

非常電源に使われている電池　鉛蓄電池

　鉛蓄電池は、正極（＋極）に二酸化鉛（PbO_2）、負極（－極）に鉛（Pb）、電解液として比重1.2～1.3の希硫酸（H_2SO_4）から成っています。鉛蓄電池の起電力は単電池（1セルといいます）当たり2 V（ボルト）です。非常電源用、自動車の始動用として使われています。

用途と種類が多い　アルカリ蓄電池

　アルカリ蓄電池は、電解液として水酸化カリウム（KOH）等の強アルカリの濃厚な水溶液を用いた電池の総称です。このアルカリ蓄電池は正極と負極の構成材料により主なものに、ニッケル・カドミウム電池（ニカド電池）、ニッケル・水素電池、リチウムイオン電池などがあります。ニッケル・カドミウム電池やニッケル・水素電池の起電力は1セル当たり1.2 V、リチウムイオン電池の起電力は1セル当たり3.6 Vなどとなっています。これらのアルカリ蓄電池は航空機エンジンの始動用、携帯機器電源、ビデオカメラ等々に使われています。

それぞれの特徴　鉛蓄電池とアルカリ蓄電池

　アルカリ蓄電池は、同じ容量（ワット時）の鉛蓄電池の重量に比べて約40％と軽量、堅牢で振動に強く長寿命で、耐過放電、耐過充電性に優れていますが、高価となります。

　鉛蓄電池は周囲の温度環境による性能への影響が大きく、適正な温度のもとでの使用が必要ですが、アルカリ蓄電池の周囲の温度環境に対する影響は、鉛蓄電池ほど大きくありません。

　蓄電池を収納する部分の材質は、アルカリ蓄電池は**耐アルカリ塗装**を、鉛蓄電池は**耐酸塗装**を施す必要があります。

充電して繰り返し使える蓄電池

鉛蓄電池の内部構造

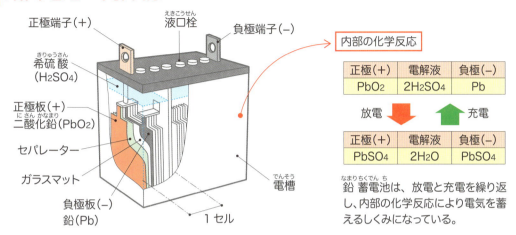

鉛蓄電池は、放電と充電を繰り返し、内部の化学反応により電気を蓄えるしくみになっている。

建物における蓄電池の使い方

一箇所に蓄電池設備を集約させる

大規模な建物において、防災用発電設備の起動電源、非常用照明、誘導灯など、非常時に避難のために直流電源を供給する蓄電池設備は、個々の機器に準備するのではなく、電気室などに設備されている。

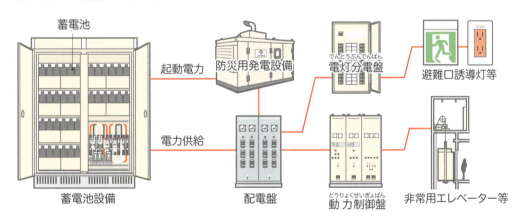

各機器ごとに専用の蓄電池を設ける

比較的小規模な建物では、避難口誘導灯や自動火災報知設備などの機器ごとに専用の蓄電池が内蔵されている場合もある。

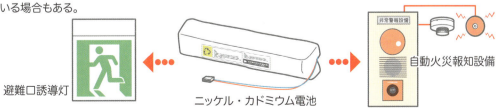

15 再生可能エネルギー利用発電設備

再生可能エネルギーの利用　発電設備の種類

　火力、原子力による発電方式とは異なり、地球温暖化の原因となるCO_2排出量削減を目指した太陽光発電や風力発電等の再生可能エネルギーを利用した発電方式が開発されました。さらに、酸素と水素の化学反応により直接電気エネルギーに変換する発電技術（燃料電池といわれています）も開発されています。

太陽エネルギーを電気エネルギーに変換　太陽光発電設備

　化石燃料の代替エネルギーとして需要が高まっている発電設備です。クリーンで無尽蔵な太陽光エネルギーを利用して、シリコン半導体で作られている太陽電池が太陽光を受けると電子が励起され、直流の電気を発生します。この発電された直流電気をそのまま使う場合と交流に変換して使う場合があります。また、規模についても交通標識や街路灯に利用されるものから、家庭用、さらにメガソーラーといわれる大規模な発電設備を作り、電力供給会社へ電気を卸す施設を有する会社も存在しています。

　太陽光発電設備は、環境に悪影響を与える副産物の発生がありません。

風力エネルギーを電気エネルギーに変換　風力発電設備

　自然界に存在する風の運動エネルギーを風車が受けて機械エネルギーに変えて、発電機を運転させ電気エネルギーへ変換し電力を取り出します。この電気エネルギーを直接利用する場合と、電池に化学エネルギーとして蓄積し必要に応じて取り出す方式とがあります。

　陸上発電設備のほか、近年では洋上発電設備が普及してきました。洋上発電設備は、港湾区域以外の排他的経済水域に施設されます。

　風力エネルギーは一様ではなく常に変化しているので、風力発電設備は、発電効率の問題や低周波問題、雷害対策などさまざまな問題の解決が望まれています。

発電機とは呼ばない発電設備　燃料電池

　燃料電池は、水の電気分解の逆反応を利用した発電設備で、一般にいわれる電池とは異なったものですが燃料電池と呼ばれています。

　燃料電池の燃料は、多くの場合、天然ガスあるいはメタノール等を使用し、この燃料に水蒸気を添加して水素ガスを作り、これに空気中の酸素を化学反応させて直接電気エネルギーに変換させます。発電効率は35～60％と高く、小型化が可能で需要地に設置でき、家庭用、自動車用や小規模の業務用コージェネレーションとして適しています。発電部に回転体がないので振動音が小さいという利点もあり、省エネルギー効果も期待できます。

自然の力で地球にやさしいエネルギーを

再生可能エネルギー

再生可能エネルギーとは、石油や天然ガスといった将来的に枯渇するおそれのある化石燃料由来のエネルギーとは対照的に、太陽光、風力、地熱、バイオマス、海流、燃料電池等の再生可能な自然の力を利用したエネルギーのことである。ここでは太陽光と風力よる発電の概要を紹介する。

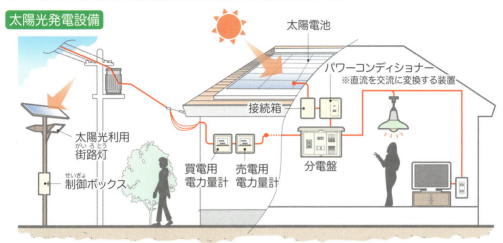

太陽光発電設備

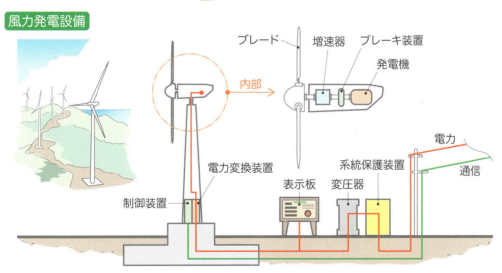

風力発電設備

燃料電池の基本原理とは？

水（H_2O）に電気を加えると水素（H_2）と酸素（O_2）に分解されるが、逆に、水素と酸素の結合時には電気が発生する。この化学反応を利用したのが燃料電池の基本原理である。

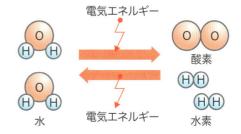

51

16 コージェネレーションシステム

2つのことができる　コージェネレーションシステム

コージェネレーションシステム（CGS：Co-generation-System）とは、1つのエネルギーから熱エネルギーと電気エネルギーを作るという意味の和製英語で、英語ではcombined heat and powerといわれています。これを日本語にすると熱電併給システム（古くは熱併給発電システム）と呼ばれています。

このCGSは、駆動機にガスタービン、ガスエンジンやディーゼルエンジンを使って常用の自家発電設備として運用し、発電機からは電気エネルギーを、駆動機から発生する燃焼ガスおよび冷却排温水の熱を回収して熱エネルギーを取り出すシステムや、燃料電池による電気エネルギーを得るときの排熱エネルギーを利用するシステムのことをいいます。

2つの運転制御システム　電主熱従運転と熱主電従運転

CGSの運転制御システムには、電力エネルギー需要をメインにした運転制御システムと、熱エネルギー需要をメインにした2つの運転制御システムがあります。

排熱の利用　排熱回収

大規模のコージェネレーションシステムでは、発生する排熱のうち高温の排ガスは蒸気に利用して、蒸気発電機や吸収式冷凍機など、熱回収装置（熱交換器）で熱交換して温水として利用されます。一般的な熱交換器のしくみは、自動車のラジエターのように排熱ガス容器の中に常温の水チューブを通して排ガス熱を常温の水に移します。施設の規模によって他の熱交換の方式が採用されています。

エネルギーの農場　エネファーム

都市ガスやLPGガスで発電し電気エネルギーを得て、そのとき発生する排熱の熱エネルギーを給湯や床暖房などに利用するエコウィルというシステムがありましたが、現在生産を終了しています。

エネファームとは、エネルギーを作るファーム（農場）の造語で、家庭用燃料電池コージェネレーションシステムです。この燃料電池の燃料となる水素をガス（都市ガスやLPGガス）により取り出し、この水素を空気中の酸素と化学反応（水の電気分解の逆作用）させて、電気を作ります。さらにこの発電時に発生する排熱の熱エネルギーを給湯や床暖房などに利用するシステムで、電源ユニットと貯湯ユニットの2つから構成されています。

発電しながらムダなく熱を再利用するシステム

コージェネレーションの基本構成

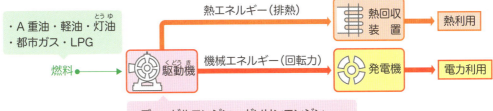

家庭でできるコージェネレーション

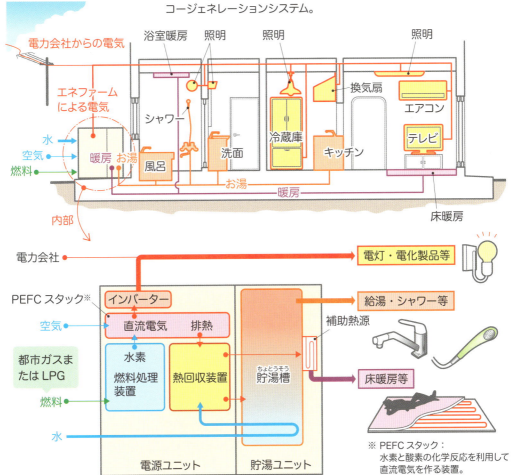

17 交流無停電電源装置

瞬時電圧降下に備える　交流無停電電源装置（UPS）

　現代社会ではすべてのものがコンピューターによる制御を受けているといっても過言ではないでしょう。現在では停電が発生する頻度は非常に低く電力供給会社への信頼性は高いのですが、瞬間的に電圧が降下（これは瞬時電圧降下と定義され、瞬低ともいわれています）や停電したときなどに思わぬトラブルが発生することを防ぐために、交流無停電電源装置（UPS：Uninterruptible Power Supply）といわれる装置を需要家側が準備する必要性が非常に高くなっています。

　なお、無停電電源装置を非常電源とする場合、消防法、火災予防条例に規制を受けます。

電源電圧や周波数の変動に備える　定電圧定周波数装置（CVCF）

　電源関係のもう1つの問題が電源電圧や周波数の変動です。これよる影響を防ぐには、交流無停電電源装置でも定電圧定周波数装置（CVCF：Constant Voltage Constant Frequency）で、一次側の電源電圧や周波数の変動に関わらず常に所定の電圧と周波数の電源を供給します。

　特に大容量の情報通信機器や高性能の電算システムで稼働している組織では、常用電源と非常用自家発電設備を組み合わせてこのCVCFを設置して、停電時でも安定した電源の確保をしている施設が一般的になっています。

何から作られているのか　UPSの構成

　UPSは、電気エネルギーを蓄えておく貯蔵装置として蓄電池と充電装置、直流電源を交流電源に変換する装置として半導体電力変換装置（整流装置、インバーター等）、絶縁変圧器、フィルター、および切替スイッチ等から構成されています。

どのくらいの時間使えるのか　UPSの電源容量

　一般的に自家発電装置がある場合は5分、ない場合は20～30分程度といわれています。それは、最初にも述べましたがこの装置の目的が瞬低に対するコンピューター等への電源の供給として準備されるからです。

何年くらい使えるのか　UPSの耐用年数

　UPSでは鉛蓄電池を使用しているので、この鉛蓄電池の寿命と同じで、一般的に3～5年、また、メンテナンス状態や設置されている周囲の温度、および塵埃の発生しにくい場所に施設することによって倍くらいまで延びるともいわれています。

途切れることなく電力供給する装置（UPS）

UPS の必要性

現代では一瞬の電圧降下（瞬低）や停電でもコンピューターのデータが失われる等、重大なトラブルになることもある。たとえば落雷によって電力会社からの常用電源が瞬低や停電になった場合、重要な負荷機器に対して途切れることなく電力供給する必要がある。

常用電源のトラブル時、自家用発電設備などの防災電源に切り替えるには一定の時間がかかるので、防災電源が始動するまでの間、UPS がバックアップ電源となって重要な機器を守る。また UPS は停電時に適切にコンピューターなどを終了させるためのバックアップ電源といった使われ方もされる。

UPS の代表的な給電方式

常時インバーター給電方式

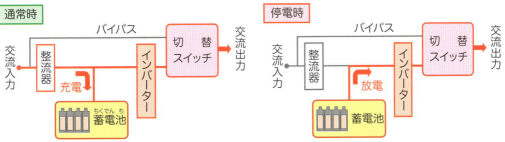

- 通常運転では、負荷電力は整流器とインバーターとの組合わせにより連続運転する。
- 交流入力電源が UPS の許容範囲から外れたときに、UPS ユニットは蓄電池の蓄電エネルギーに切り替わり、交流電源入力が回復するまで、または蓄電池の給電時間内で、蓄電池とインバーターの組合わせで負荷電力を供給する。

常時商用給電方式

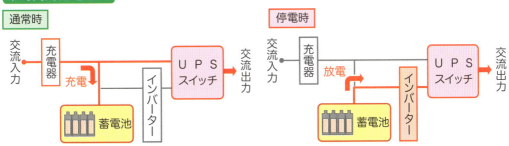

- 通常運転では、UPS スイッチを通して交流入力電源で連続運転する。
- 交流入力電源が UPS の許容範囲から外れたときに、インバーターが始動して UPS は蓄電池の蓄電エネルギーに切り替わり、交流電源入力が回復するまで、または蓄電池の給電時間内で、蓄電池とインバーターの組合わせで負荷電力を供給する。

Column

A接点・B接点

　モノの制御の基本はA接点・B接点スイッチのたったの2種類です。これを組み合わせて色々なものが制御されています。この基本は人間の行動にも応用できます。

　A接点は通常は開いています。開いているということは回路に電気が流れないということです。スイッチを押す（下にさげる）ことで接点がつながり回路が閉じて電気が流れます。つまり行動を起こすことで反応が現れます。

　B接点はA接点とは逆に通常閉じています。閉じているということは回路に電気が流れているということです。スイッチを押すことで接点が離れ回路が開いて電気が止まります。つまり行動を起こすことで反応が止まります。

　A接点とB接点を組み合わせたものをC接点といいます。スイッチを押す（下にさげる）と上側の接点が離れ回路が開いて上側の電気が止まり、同時に下側の接点がつながり下側の回路が閉じて下側に電気が流れます。スイッチを元に戻す（上にあげる）と下側の接点が離れ下側の回路が開いて下側の電気が止まり、同時に上側の接点がつながり上側の回路が閉じて上側に電気が流れます。

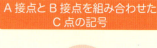

　このスイッチの「押す・戻す」動作を電気信号で行うとリレーになります。複雑な論理回路も基本はこのA接点とB接点から成り立っています。

第3章

幹線・分岐回路設備

前章で説明した電源設備は、電気設備の心臓部分ともいえます。そこから建物内の各設備に電気を送るための動脈を幹線・分岐回路といいます。各設備のうち、電灯・コンセント設備へ電気を運ぶ幹線を電力系統幹線、コンピューターなど情報・信号関係の設備へ電気を運ぶ幹線を弱電系統幹線といい、本章では電力系統幹線を中心に説明します。

1 幹線

場所により呼び方が変わる　幹線と分岐回路

　低圧屋内電線路は、**低圧屋内幹線**の部分と**分岐回路**の部分に大別されています。低圧屋内幹線は低圧屋内配線だけで構成されていますが、分岐回路の部分は低圧屋内配線の他に低圧の移動電線、電気エネルギーを消費する機械器具などの負荷も含んでいます。

今はあまり使われない言い方　強電と弱電

　昔は、電灯・コンセント設備や動力設備関連のものを強電設備といい、おおよそ 48 V 以上、それに対して通信・情報設備関連のものを弱電設備といい、おおよそ 48V 未満と分けていましたが、現在ではその境も明確ではなくなり、強電・弱電の言葉はあまり使われなくなってきました。一般的に強電系統の設備を電力系統と表します。

主要なものを運ぶ動脈　幹線設備

　人間の体にたとえると、心臓から血液（酸素・ヘモグロビン等）を体の各部に動脈を通して運んでいます。建築設備では、建物の機能を確保および運用するための動脈を**幹線**といいます。

　この章では、電力系統の電気設備にスポットを当てて述べていきます。

エネルギーと情報・信号を運ぶ動脈　電力系統と弱電系統

　電気エネルギーを変電室の配電盤から建物の各部に運ぶ動脈を**電力系統幹線**といいます。電灯・コンセント設備では、電灯・コンセント配電盤から各エリアの電灯分電盤に、また、動力設備では、動力配電盤から各エリアの動力制御盤に配線します。

　一方、情報・信号関係では、情報・信号をコントロールしている中心部から建物の必要部分に運ぶ動脈を**弱電系統幹線**といいます。

用途による分類　電灯幹線と動力幹線

　電灯・コンセント負荷に対する幹線を**電灯・コンセント幹線**として設備し、動力設備負荷に対する幹線を**動力幹線**として設備します。さらに、現在ではコンピューターその他の重要設備に対する幹線を**専用幹線**として設備します。

　電灯幹線および動力幹線ともに、その使用目的別に常用○○幹線、非常用○○幹線、および保安用○○幹線として設備しています。

58

電灯と動力の幹線と分岐回路

建物内の配線の概念

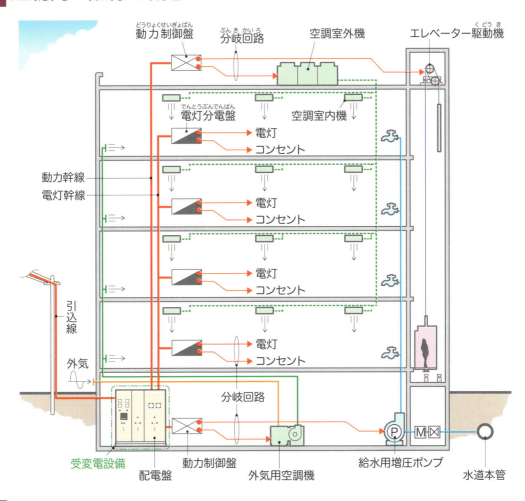

分岐回路について

分岐開閉器（遮断器）から各負荷までの電路のことを分岐回路という。

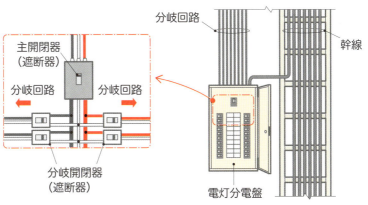

幹線系統の選定方法

負荷容量により系統を分ける　幹線系統の決定

　幹線は、損傷を受けるおそれがない場所に施設することが規定されています。幹線を配置する場所が決まったら、ゾーン（事務室の東側・西側や共用部などの区域を表す用語）の負荷容量を集計して**負荷容量表**にまとめ、これらをもとに建物全体の幹線の系統分けをしています。建物の規模、用途、特に負荷群の電気の使い方による特性をよく理解した上で、1つの幹線系統で受け持つ容量、電線の許容電流、電圧降下などを計算して、施工性、経済性とあわせて施設されています。

色々ある方式　幹線方式の決定

　大規模建物の場合や重要な施設がある場合には、各階またはテナントごとの単独の幹線で電源の供給を行うような建物もあります。この方式は他のテナントでの電気事故の影響が最小限に抑えられるので信頼性が高くなりますが、イニシャルコストは高くなります。

　一般的には、いくつかの階、またはテナントをまとめて1つの幹線で電源を供給する方式を採用します。この場合は、イニシャルコストが抑えられますが、他のテナントの電気事故の影響を受けるおそれがあります。

色々ある幹線事故　幹線事故からの保護

　低圧電路の分電盤や動力制御盤以降での過電流事故、**短絡事故**、または**地絡事故**等により幹線の事故に波及し、感電や火災、および異常事態等が発生することを防止するため、保護装置（88ページ参照）を設置することが原則として規定されています。

　電源側には、電力の使い過ぎによる過負荷（過電流）から保護するための**過電流遮断器**を設けることが規定されています。なお、幹線の電源側に設ける過電流遮断器は、短絡電流（ショート）を遮断する能力があるものを設けることが規定されています。また、使用電圧が300Vを超える幹線には、漏電等による事故を防ぐため、電源側に**漏電遮断器**（82ページ参照）を設けることが規定されていますが、防災用、鉄道信号などのような公共の安全確保に支障をきたすおそれがある場合には、漏電遮断器の設置に代えて技術員が所在する場所への警報とすることができます。

保護の対象により分類　過電流遮断器の種類

　過電流遮断器には、❶配線用遮断器（二次側の配線を過電流から保護する）、❷ヒューズ（溶断して機器の保護）、❸漏電遮断器（配線用遮断器に漏電時に機能する）の3種類があります。

幹線方式と過電流遮断器の性能

幹線系統の方式

建物の規模や用途、施工性やイニシャルコストなどを考慮して幹線方式が決められる。

単独の幹線による方式

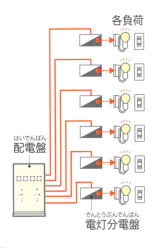

1つの幹線から分岐させる方式

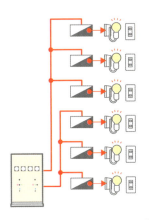

バスダクトによる方式

バスダクトのブスバーから分岐線を取り出すプラグインスイッチを施設する。

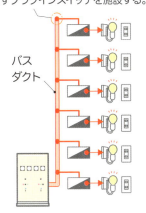

バスダクト：大電流を通す幹線設備（64ページ参照）。
ブスバー：バスダクトの導体。バスバーともいわれる。

過電流遮断器の性能

過電流遮断器として使用されるヒューズと配線用遮断器の性能については、電気設備の技術基準の解釈※第33条に基づいて、以下のように溶断時間と動作時間が規定されている（下表は抜粋）。なお、ヒューズについては定格電流の1.1倍、配線用遮断器については定格電流（1倍）に耐えることが条件とされる。

定格電流の区分	ヒューズの溶断時間（分）		配線用遮断器の動作時間（分）	
	定格電流の1.6倍の電流を通じた場合	定格電流の2倍の電流を通じた場合	定格電流の1.25倍の電流を通じた場合	定格電流の2倍の電流を通じた場合
30A 以下	60	2	60	2
30A を超え 50A 以下	-	-	60	4
30A を超え 60A 以下	60	4	-	-
50A を超え 100A 以下	-	-	120	6
60A を超え 100A 以下	120	6	-	-
100A を超え 200A 以下	120	8	-	-
100A を超え 225A 以下	-	-	120	8
200A を超え 400A 以下	180	10	-	-
225A を超え 400A 以下	-	-	120	10
400A を超え 600A 以下	240	12	120	12
600A 超過	240	20	-	-
600A を超え 800A 以下	-	-	120	14

※電気設備の技術基準の解釈（電技解釈）は、電気設備技術基準の技術的要件を満たすべき技術的内容をできる限り具体的に示した、技術的な判断基準として位置づけられている。

3 幹線の配線サイズ

安心して電気を使う諸条件　　配線サイズを決める

電気を使用して仕事をしているときに、電圧が不安定になったり、停電したりしては作業を続けることができません。そうした事態を防ぐため、電気を送り出す配電盤側での対策のほかに、幹線の配線そのものもチェックして配線サイズを決めています。

電線ケーブル（導体）の**許容電流**、**短絡電流**、および**電路の電圧降下**により幹線の配線サイズが決められています。

連続して通電してよい最大電流　　許容電流

電線ケーブルに電気を流すと電線の抵抗により発熱して、電線ケーブルの温度が上昇します。この発熱（**ジュール熱**といいます）が一定値以上となると、電線本体（導体）や導体を被覆している絶縁体などの電気的特性が低下します。このときの発熱した温度の限界を**最高許容温度**といい、このときの電流値を**許容電流**といいます。この許容電流値を超えてそのまま使い続けると被覆が損傷して漏電や発火により災害を引き起こします。

電線ケーブルは、低圧幹線の各部分ごとに、その幹線から分かれた回路で使われる電気機械器具の定格電流の合計値以上の許容電流がある電線を使うことが規定されています。

短絡事故から保護用遮断器が動作するまで　　短絡電流

短絡事故が発生してから保護用遮断器が動作するあいだに、電線ケーブルには短絡電流が流れます。短絡時の許容電流値は、導体の材料、絶縁体の材料、および導体の断面積と短絡継続時間から計算して求めることができます。短絡時の許容電流値が短絡電流より大きければ保護用遮断器が動作してこの幹線を保護できます。しかし、電線ケーブルの被覆等の絶縁物がこの短絡電流による温度上昇に耐えられないと、保護用遮断器が動作する前に電線ケーブルの被覆等の絶縁物が絶縁破壊され、二次事故を引き起こします。また、事故収拾後には幹線の電線ケーブルを取り換える必要が生じ、経済的なダメージを受けることになります。

電源から遠くになると電圧が下がる　　電圧降下

回路に電気を流すとその回路の先では電圧が下がります。このことを**電圧降下**といいます。電圧降下の程度は、配線方式、電流、電線の長さ、および使う電線の特性によって計算で求めることができます。幹線の許容電圧降下率はその長さ（**亘長**といいます）によって、一般供給の場合2～4％、変電設備のある場合2～5％と規定されています。

幹線のサイズを決める許容電流

幹線の許容電流

幹線の許容電流(幹線サイズ)を求めるときは、電動機の有無に注意する必要がある。電動機は始動の際、大きな電流が流れることがあるので、許容電流に少し余裕をみておくために以下のような係数(けいすう)が決められている。

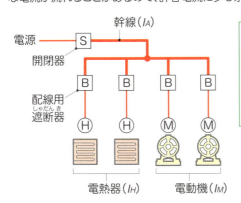

- 電動機の定格電流の総量(I_M)が、それ以外の負荷の定格電流の総量(I_H)以下の場合。
- 電動機の定格電流の総量(I_M)が、それ以外の負荷の定格電流の総量(I_H)を超える場合。

条件		幹線の許容電流
$I_M ≦ I_H$ の場合		$I_A ≧ I_M + I_H$
$I_M > I_H$ で、	$I_M ≦ 50A$ の場合	$I_A ≧ 1.25 I_M + I_H$
	$I_M > 50A$ の場合	$I_A ≧ 1.1 I_M + I_H$

50 A(アンペア) 以下の場合は1.25を、50Aを超える場合は1.1を電動機の定格電流の総量(I_M)に乗じる。

幹線の許容電流を求める例題

図のように電動機と電熱器が接続されている場合、幹線の許容電流の最小値を求めよ。ただし、需要率(じゅようりつ)は100%とする。

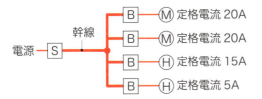

解答

それぞれの定格電流の総量を求める。

電動機の定格電流の総量(I_M)=20+20=40A
電熱器の定格電流の総量(I_H)=15+5=20A

次に条件を考慮する。

I_M が I_H を超えて、かつ、I_M の総量が 50A 以下なので、$I_A ≧ 1.25 I_M + I_H$ の式に代入すればよい。

∴ 幹線の許容電流 I_A=1.25×40+20=70A

幹線のサイズと開閉器・過電流遮断器の容量

全負荷電流〔A〕		電線の太さと最小長さ(銅線)※		開閉器の定格容量〔A〕		漏電遮断器の定格容量〔A〕	
1φ 2W100V	3φ 3w200V	1φ 2W100V	3φ 3w200V	1φ 2W100V	3φ 3w200V	1φ 2W100V	3φ 3w200V
20	20	2mm (8m)	2mm (20m)	30	30	20	20
30	29	5.5m² (10)	5.5m² (24)	30	30	30	30
40	40	8 (10)	8 (24)	60	60	40	40
50	49	14 (16)	14 (36)	60	60	50	50
60	58	14 (12)	14 (30)	60	60	60	60
75	72	22 (16)	22 (38)	100	100	75	75
100	87	38 (20)	38 (54)	100	100	100	100
125	115	60 (26)	60 (33)	200	200	125	125
150	144	60 (22)	60 (52)	200	200	150	150
175	173	100 (32)	100 (76)	200	200	175	175
200	202	100 (28)	150 (98)	200	300	200	225

※電線管、線ぴに3本以下の電線を収める場合およびVVケーブル配線など
(注) ( )内の数値は、電圧降下1%のときの電線こう長を示したもの。

(『内線規定』需要設備専門部会編(日本電気協会)より作成)

上記で求めた数値 70A は、表の 75A に収まる数値なので、幹線の太さは $22mm^2$ でよいということになる。幹線のサイズ以外にも開閉器や配線用遮断器の容量を決めることができる。

4 幹線の配線の種類

おおむね３つの種類　配管配線・ケーブル配線・バスダクト

系統ごとの需要率を考慮して最大電流を計算し、先の検討事項（建物内のルート、負荷の分布状況、許容電流、電圧降下、施工性、およびコスト等）により幹線の配線の種類を決めます。

幹線の配線の種類はおおむね、**配管配線**、**ケーブル配線**、および**バスダクト**の３つに分けられ、幹線ルートとして電気配線シャフト（EPSといいます）に施設します。

電線管に電線を引き入れる　配管配線

比較的小規模の建物で採用されている方式です。電線管に絶縁電線を引き入れる配管配線は、最大使用電流が250A程度までの幹線に適用され、電線の導体サイズは250mm²（250sqと表します）までの絶縁電線を使用します。幹線の分岐部はプルボックスと呼ばれる箱の中で分岐の接続を行います。これらは、すべて現場で施工します。

すべてが現場施工であるので、配管の加工、施工、および配線の引入れ等に現場での作業時間が必要となり、工程に影響し、また品質にも影響します。

ケーブルを施設する　ケーブル配線

最も広く採用されている方式で、最大電流が50～600A程度の幹線に適用され、導体サイズが325mm²（325sq）までのケーブルを使用します。施設方法は、ケーブルをはしご状のケーブルラックに緊縛して施設する方法と、ケーブルの頂部を建物の造営材（構造材）等に支持して垂直に吊り下げて施設する方法があります。幹線の分岐部は工場で作製しておくものが、現在では主流です。

ケーブルは分岐部分を含めて工場製作をします。ケーブルラックの加工や布設、およびケーブルの施設等の現場での作業時間は、上記の配管配線方式に比べて短縮され、品質も確保されます。

大容量幹線向き　バスダクト

大規模の建築物で最大使用電流が600～6,000Aの大容量の幹線には、電圧降下が小さい**バスダクト**が採用されています。一般的に導体にはアルミ帯または銅帯を使い、導体の周りに絶縁空間を確保して外装を施し、分岐部も含めてすべて工場にて生産し、現場で組立て施工します。この方式も現場での作業時間は短縮され、品質も確保されます。

バスダクトは、現場加工できない分、工場製作の寸法指示が最重要となります。

電線を保護して安全に電力供給する

代表的な3つの配線方式

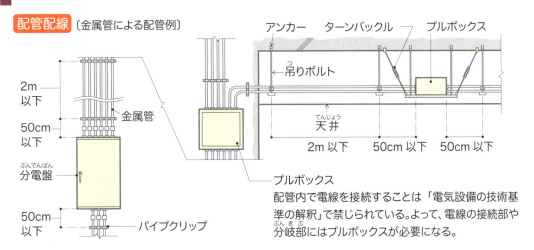

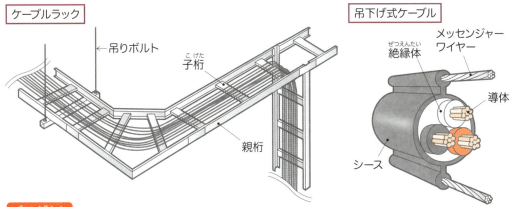

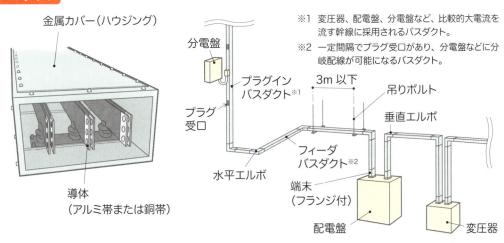

5 幹線からの分岐（分岐回路）

幹線から盤への配線　　幹線分岐

　幹線から分岐して**分岐過電流遮断器**（ブレーカー）を経て負荷まで続く配線は分岐回路と規定されていますが、メイン幹線から配線を分けることを通常、幹線分岐といいます。

　低圧屋内電路には、各種の電気を使用する機械器具が負荷として接続されています。これらに電気を供給している屋内電路に事故があった場合、事故が及ぼす範囲を小さく限定するために、分電盤あるいは制御盤ごとに分岐しています。

太い幹線からの分岐　　過電流遮断器の設置

　原則、低圧幹線との分岐点から分岐した電線の長さが3m以下の範囲に、**過電流遮断器**を施設することが規定されています。

　この規定には右ページに示すように緩和措置があり、分岐した電線の許容電流値が低圧幹線を保護する過電流遮断器の定格電流の一定値以上であれば、幹線分岐した箇所から過電流遮断器までを長くすることができます。

　このような規定のもとで、電灯分電盤や動力制御盤が幹線のそばに施設されています。

電灯と動力では異なる　　過電流遮断器の構造

　原則、過電流遮断器を施設することを上記で述べましたが、多線式電路すなわち単相3線式等の中性点や接地工事の接地線には過電流遮断器を設けてはならないと規定されています。

　過電流遮断器とは、昔はヒューズのことでしたが、現在では**配線用遮断器**がそれにとって代わっています。

　単相3線式では中性線と充電線とで線間電圧100V、充電線同士では線間電圧200Vがかかり、万一中性線だけが遮断されると負荷の100Vの器具に200Vがかかってしまいます。また、接地線は遮断してはならない重要な線です。単相3線式の遮断器は**中性線欠相保護**がされているものを設けなくてはなりません。

　三相3線式の動力回路の場合は、各極を開閉する遮断器を設けなければなりません。

過電流遮断器の定格電流の制限　　分岐回路の決まり

　分岐回路に施設する過電流遮断器は、その定格電流を50A以下にすることが規定されており、分電盤の分岐回路の遮断器の容量が一般的に15Aか20Aとなっています。15A回路、20A回路などというのは、この分岐回路の遮断器により呼ばれています。

過電流遮断器の施設と中性線欠相

施設の緩和措置

以下のような場合、3mを超えて過電流遮断器(B_2)を設置することができる。

① 分岐した幹線の長さが8m以下、かつ、その許容電流(i)が過電流遮断器(B_1)の定格電流の35%以上。

② 分岐した幹線の許容電流(i)が過電流遮断器(B_1)の定格電流の55%以上。

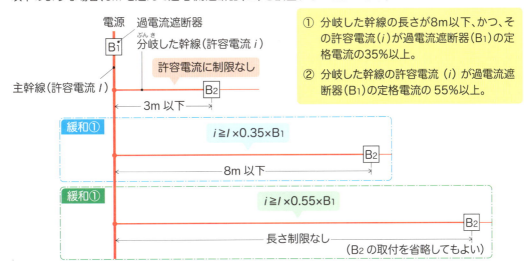

中性線欠相による過電圧

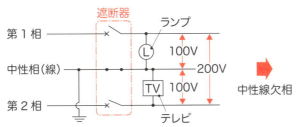

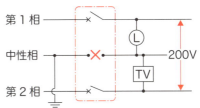

通常は、第1・2相と中性相の線間電圧は各100Vなので、ランプ・テレビの各負荷も100Vとなる。

中性相を経由して第1相と第2相が直列に接続され、第1・2相間のランプ・テレビに200Vがかかる。

 よりわかりやすく説明すると、次のようなイメージとなる。

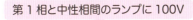

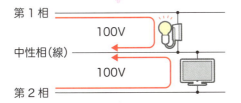

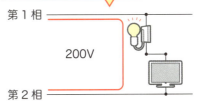

すなわち、定格100Vのランプとテレビに200Vが加わったことになる。

6 幹線の区画貫通

必ず壁や床を貫通する　　幹線の区画貫通

　建物の低圧幹線は、その性質上、壁や床を貫通して施設することとなります。この壁や床は、火災等の場合、火が隣または上に漏れていかないように延焼防止するための**防火区画**と、煙が隣または上に漏れていかないようにする**防煙区画**（スラブから天井裏、天井から防煙垂れ壁で構成されています）との2つがあります。どちらも建築基準法により規定されている施設で、防火区画のほうがより厳しく規定されています。建築確認申請図面で、防火区画は赤のライン（アカ壁）で、防煙区画は緑のライン（ミドリ壁）で表示します。

どのような処理が必要なのか　　防火区画貫通処理

　防火区画の貫通処理は、延焼を食い止めるために貫通部の隙間を完全にモルタルその他の不燃材で埋めること、および、貫通する管の構造については、配管と貫通部の両端1m部分を不燃材とするか、配管の材料等に規定された物を使用すること。または国土交通大臣の認定を受けた工法で施工することが規定されています。

各階に床がない幹線シャフト　　堅穴区画のEPS

　各階に床がない（吹抜け状態）いわゆる**堅穴区画**のEPSの防火区画は、幹線がEPSに入るところと出るところの壁が防火区画になるので、この壁の部分で防火区画貫通処理を施しています。

　堅穴式のEPSは、吹抜け状態であるため保守管理の際に防火の問題とともに、墜落等の安全上の問題が存在します。建物の規模、幹線の配線方法、保守管理の仕方、および区画貫通処理費用等々をあわせて検討してEPSの形状が決められています。

各階に床を設けた幹線シャフト　　水平区画のEPS

　各階の床を耐火構造としたいわゆる**水平区画**のEPSでは、この各階の床部分が防火区画になるので、この床の部分で防火区画貫通処理を施しています。

水平展開する幹線　　横引き幹線

　機械室などの幹線やその他の電気配線は、水平展開で施工されています。機械室の用途などによりその途中に防火区画がある場合は、その部分で防火区画貫通処理を施します。

　また、1つの階で防煙区画が設けられている大規模の建物などでは、天井内に配線している電気配線や幹線などが防煙区画を貫通している場所の天井内で防煙区画貫通の処理を施します。

火災の被害を拡大させないための措置

防火区画の種類

建築基準法では次の4つの防火区画が定められている。

① 面積区画 ── 耐火・準耐火建築物等の種類に応じて区画面積を規程（右表参照）

② 高層区画 ── 建物の11階以上の階についての区画面積を規程（右表参照）

③ 竪穴区画 ── 階段室、吹抜け、エレベーター昇降路等とその他の部分との区画

④ 異種用途区画 ── 建物内の用途が異なる場合の区画

	対象となる建物	区画面積
面積区画	主要構造部を耐火構造、準耐火構造とした建築物	1,500m²
	外壁を耐火構造とした準耐火建築物	500m²
	主要構造部を準耐火構造、不燃構造とした建築物	1,000m²
高層区画	11階以上の階	100m²
	11階以上の階（壁と天井の仕上げ、下地が準不燃材料）	200m²
	11階以上の階（壁と天井の仕上げ、下地が不燃材料）	500m²

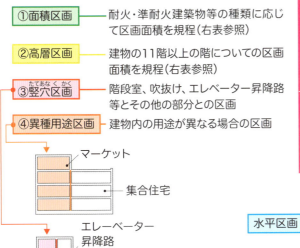

水平区画という言い方は、建築基準法に定められたものではないが、一般的なビルなどの床は耐火構造なので、意識せずに水平区画は造られる。

防火区画の貫通処理

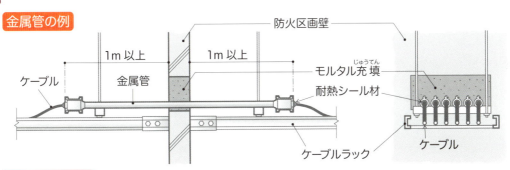

金属管の例

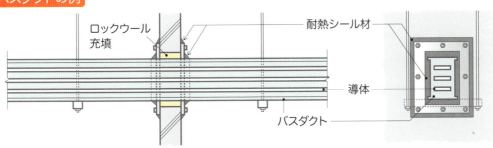

バスダクトの例

7 配線設備の地震対策

2つの法律で規定　耐震規定

　建築基準法および消防法において、建築設備のすべてに対して地震その他の振動等に耐えるための有効な処置を講ずることが規定されています。
　地震の際に建物の振動周期と違う振動周期を起こすことで、その設備が損傷を受けます。設備全般を建物の構造体（躯体）に堅固に固定して、建物と同じ揺れ方をさせることが基本です。

躯体から離れた設備の対策　支持固定金物

　躯体から離れた場所に設備している露出配管などは、吊りボルトだけでは揺れが増幅され、被害が大きくなることがあります。このような場合は、梁などの躯体に鋼材等を使い支持固定します。梁の間隔が長い箇所では、上下左右および前後のいわばXYZの3方向の揺れに対して有効な支持方法で固定します。

縦配管・配線の支持固定　床と階の中間で支持固定

　床部分の区画貫通処理を傷めないように鋼材等を使って支持固定を行い、さらに階の中間部分での対策を施します。竪穴区画のEPSなどの場合は、階の床、および中間の床部にあたる箇所で振れ止めの対策を講じます。

余裕を持たせた場所での支持固定　免震装置、エキスパンション

　大規模の建物では、すべての箇所で堅固に支持固定していますが、配管・配線に必要な余裕を持たせている部位があります。
　平面が広く展開している建物には、**エキスパンション**といわれる箇所が設けられています。この部分では、建物の縁が切られていて、それぞれ別の揺れをしてもよい構造となっているので、この間にまたがる配管等は、可とう電線管による配管配線やケーブル配線とし、余裕を持たせた配線をします。
　免震構造の高層ビルなどでは、地震による震動を吸収する免震装置が設けられていて、この免震装置を設置した部分（免震階）で想定される地震の揺れの変位以上の余裕を持たせた配管・配線を行っています。
　これらのエキスパンションや免震階の配管・配線にも余裕を持たせ、支持箇所では堅固に固定が施されています。

揺れによる転倒、落下、断線事故を未然に防ぐ

支持固定金物等による耐震支持

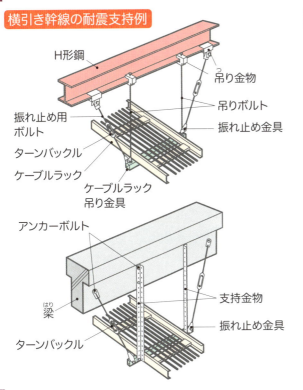

横引き幹線の耐震支持例

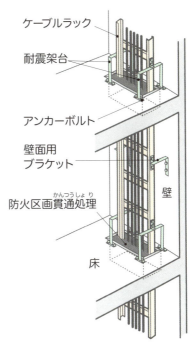

EPSの耐震支持例

エキスパンションジョイント部の配線

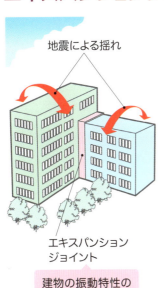

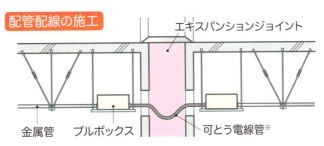

配管配線の施工

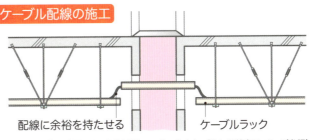

ケーブル配線の施工

※PF管や金属可とう電線管といったフレキシブルな配管（74ページ参照）。

8 電線、ケーブルの種類、使い分け

色々ある電線やケーブル　　導体の材料

電気設備は電線やケーブルを使って配線されています。

これらの導体（電気伝導体）の材料では、銅とアルミニウムが一般的で、電力用として送配電線には銅導体以外に比重が小さく軽いアルミニウムが使用されています。電力用以外では銅導体が使用されています。

電力用の分け方　　電線、ケーブルとコード

屋内配線に用いられる絶縁電線のことを通常、（IV）**ビニル絶縁電線**といいます。これは、導体に絶縁性の被覆を施してあり、電線管などの保護管の中に通線して使います。一方、**ケーブル**とは、導体に絶縁性の被覆を施したものにさらに外装を施してあるので、そのまま使うことができます。また、電気器具やテーブルタップなどに使われているコードといわれるものがあり、これは露出したまま固定しないで使います。

電圧による分け方　　低圧用、高圧用

電力用の電線ケーブルは、**低圧用**と**高圧用**（高圧・特別高圧）とに分けられていて、低圧用は600V〇〇、また高圧用は6kV〇〇、さらに特別高圧用は22kV〇〇というような表示がされています。

使用場所による分け方　　屋内用、屋外用

電線ケーブルは、その使用場所により細かく規定されています。たとえば、低圧の電線では、低圧の引込工事に用いる**引込用ビニル絶縁電線**（記号：DV）、低圧の屋外配線には**屋外用ビニル絶縁電線**（記号：OW）、屋内配線に使う**600Vビニル絶縁電線**（記号：IV）などがあります。また、低圧のケーブルでは、**600Vビニル絶縁ビニルシースケーブル**（記号：VVF（平型）、VVR（丸型））、低圧から高圧の**架橋ポリエチレン絶縁ビニルシースケーブル**（記号：CV）などがあります。その他、移動用電気機器の電源回路や、可とう性が要求される場所に使われる**キャブタイヤケーブル**（記号：VCT、CT、RNCT、PNCT…）などがあります。

温度環境による分け方　　耐熱性電線・ケーブル

IVより熱に強い**600V二種ビニル絶縁電線**（記号：HIV）、**600V耐燃性ポリエチレン絶縁電線**（記号：IE/F）、ケーブルでは、**600Vポリエチレン絶縁耐燃性ポリエチレンシースケーブル**（記号：EE/F）、**架橋ポリエチレン絶縁耐燃性ポリエチレンシースケーブル**（記号：CE/F）などがあります。

用途や使用環境等に応じて電線・ケーブルを選ぶ

電線・ケーブルの種類と構造

電線は導体に絶縁被覆を施したもので、単線やより線がある。ケーブルは電線をさらに外装（シース）で包んだもの。

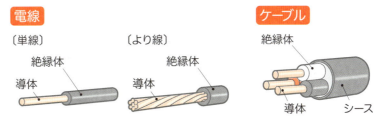

電線名称（略称）	構造	使用環境	備考
600Vビニル絶縁電線（IV）	銅導体（軟銅線）／ビニル絶縁体※ ※HIVにおいては、耐熱ビニル	屋内	IVはインドアで使用するPVC（poly-Vinyl-chloride（ポリ塩化ビニル））を意味する。HIVのHはヒートプルーフ（耐熱）を意味し、IVより熱に強く、防災用の配線として使用される。
600V二種ビニル絶縁電線（HIV）		屋内	
600V耐燃性ポリエチレン絶縁電線（EM IE/F）	銅導体（軟銅線）／耐熱性ポリエチレン絶縁体	屋内	EMとはエコマテリアルのこと。略称の前にEMがつくものは環境に配慮した製品で、たとえばEM IE/Fは焼却や埋立ての際にハロンガスや塩素等の有害物質を発生させない。
引込用ビニル絶縁電線（DV）	銅導体（硬銅線）／ビニル絶縁体	屋外	DVのDはDraw into（引込み）を意味し、屋外での低圧架空引込線用として使用される。
屋外用ビニル絶縁電線（OW）	銅導体（硬銅線）／ビニル絶縁体	屋外	OWとはアウトドアウェザープルーフ（屋外防雨）を意味し、屋外での低圧架空配電線用として使用される。

ケーブル名（略称）	構造	使用環境	備考
600Vビニル絶縁ビニルシースケーブル平型（VVF）	（VVF）／銅導体（軟銅線）／ビニル絶縁体／ビニルシース	屋内 屋外 地中	VVFは、Vinyl insulated Vinyl sheathed Flat-type cableの略。最も一般的な平型の低圧配線用ケーブル。VVRは、Vinyl insulated Vinyl sheathed Round-type cableの略で、外装を丸くしたケーブル。
600Vビニル絶縁ビニルシースケーブル丸型（VVR）	（VVR）		
架橋ポリエチレン絶縁ビニルシースケーブル（CV）	銅導体（軟銅線）／介在／押えテープ／架橋ポリエチレン絶縁体／ビニルシース	屋内 屋外 地中	CVは、Cross-linked polyethylene insulated Vinyl sheath cableの略。ビル、工場などの大需要で使用される耐久性の高いケーブル。架橋ポリエチレンとは、ポリエチレンの分子同士を橋をかけるように結合させて網目状にしたポリエチレンである。
キャブタイヤケーブル（VCT、CT、RNCT、PNCT）	銅導体（軟銅線）／（CT）／天然ゴム絶縁体／天然ゴムシース	移動用	CTは、Cab-Tyreの略。VCTは絶縁体と外装にビニル系の素材を、CT、RNCT、PNCTはゴム系の素材を使用している。

第3章 幹線・分岐回路設備

73

9 電線管等の保護管

電線を保護する管 ― 電線管とダクト

電線を保護する管を**電線管**といいます。電線管の種類には、金属製と樹脂製とがあります。金属製電線管を**鋼製電線管**といい、鋼製電線管を使った工事を**金属管工事**といいます。**樹脂製電線管**には硬質ビニル電線管や合成樹脂電線管があり、これらを使った工事を**合成樹脂管工事**といいます。

また、電線管ではない**ダクト**等の中に電線を施設する場合もあります。

鋼製電線管の種類 ― 薄鋼、厚鋼、ネジナシ

鋼製電線管には、**薄鋼電線管**、**厚鋼電線管**、および**ネジナシ電線管**の3種類があり、薄鋼電線管およびネジナシ電線管はその外径の近似値で奇数で表示します。ネジナシ電線管の呼称は外径の近似値の奇数の数値の前にEをつけて表示します。薄鋼電線管より肉厚が薄いネジナシ電線管は、切断、曲げ加工などに優れていて多くの場所に使われています。厚鋼電線管はその内径の近似値で偶数で表示します。厚鋼電線管は、文字通り管の肉厚があり、不燃性で衝撃や圧縮に強いので、可燃性ガスや粉じんによる火災や爆発を誘引するようなあらゆる場所の工事に採用されています。

合成樹脂電線管の種類 ― 硬質ビニル電線管、CD管、PF管

合成樹脂電線管のうち、ポリ塩化ビニル樹脂で作られている硬質ビニル電線管は**VE管**と呼び、水道用塩ビ管のVP管、VU管とは区別しています。硬質ビニル電線管は、鋼製電線管より機械的強度はありませんが、配管自体に接地工事を施す必要がなく、電気的絶縁性、耐腐食性に優れており、腐食性ガスや臭気が発生する場所の工事に採用されています。また、ビニル樹脂系で作られている**CD管**、**PF管**は可とう性（柔軟でしなやかに曲げられ、振動などの伝播を吸収できる性質）があり施工性にも優れた電線管です。

モーター等振動するものへの接続 ― 金属可とう電線管

モーターなどの振動する負荷に配管配線を接続する場合には、金属管や合成樹脂を直接接続することができません。振動する負荷に接続するためにフレキシブルな配管が必要となります。金属管の場合は**金属可とう電線管**で、合成樹脂管の場合は**PF管**を使って配管配線の接続を行います。

やってはいけないこと ― 配管内での電線の接続等

電線管の中では、電線の接続点を設けることが禁止されています。また、電線管等に収容する最大の容量が断面積に対する比率で決められています。

外部からの衝撃等から電線を保護する電線管

鋼製電線管（金属管）の種類と付属品

（単位：mm）

種類（通称）	呼称	外径	厚さ	種類（通称）	呼称	外径	厚さ	種類（通称）	呼称	外径	厚さ
薄鋼電線管（C管）	19	19.1	1.6	厚鋼電線管（G管）	16	21.0	2.3	ネジナシ電線管（E管）	E19	19.1	1.2
	25	25.4	1.6		22	26.5	2.3		E25	25.4	1.2
	31	31.8	1.6		28	33.3	2.5		E31	31.8	1.4
	39	38.1	1.6		36	41.9	2.5		E39	38.1	1.4
	51	50.8	1.6		42	47.8	2.5		E51	50.8	1.4
	63	63.5	2.0		54	59.6	2.8		E63	63.5	1.6
	75	76.2	2.9		70	75.2	2.8		E75	76.2	1.8
	-	-	-		82	87.9	2.8		-	-	-
	-	-	-		92	100.7	3.5		-	-	-
	-	-	-		104	113.4	3.5		-	-	-

（『内線規定』需要設備専門部会編（日本電気協会）より）

鋼製電線管（金属管）

薄鋼 / 厚鋼 / ネジナシ

付属品

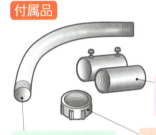

図はごく一例で、金属管工事では工事内容に合わせてさまざまな付属品を使い施工する。

カップリング：配管同士の接続に使用

ノーマルベンド：曲がり部分に使用

ブッシング：末端配線取出し、保護に使用

合成樹脂電線管・可とう電線管

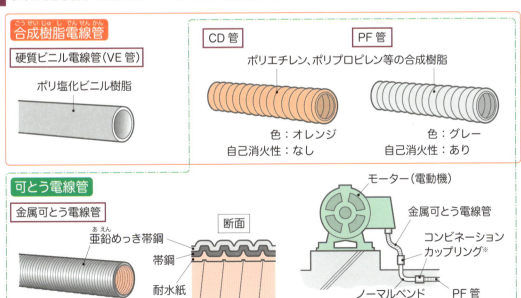

合成樹脂電線管
硬質ビニル電線管（VE管）
ポリ塩化ビニル樹脂

CD管
ポリエチレン、ポリプロピレン等の合成樹脂
色：オレンジ
自己消火性：なし

PF管
色：グレー
自己消火性：あり

可とう電線管
金属可とう電線管
亜鉛めっき帯鋼
帯鋼
耐水紙

断面

モーター（電動機）
金属可とう電線管
コンビネーションカップリング※
ノーマルベンド
PF管

※異種管同士の接続に使用されるカップリングのこと。

10 配管・配線工事の種類

コンクリート躯体　打込み配管・配線

　打込み配管・配線は、鉄筋コンクリート造や鉄骨コンクリート造の躯体（床スラブ、壁、柱等）に電線管（金属管、合成樹脂管（VE管）、合成樹脂可とう管（CD管、PF管））などを打ち込み、これらの電線管内に電線、ケーブルを引き入れて使います。合成樹脂可とう管のCD管は自己消火性（燃焼しても炎を取り除いた後に自然に消えること）がないことと、物理的耐久性が低いので、コンクリートに打ち込む部分だけがその使用を認められています（コンクリート打込み以外の場所ではPF管を使用します）。ケーブル配線の保護管としてのCD管（オレンジ色）は露出・隠ぺい配管として使用することに制約はありません。

　電気設備に関する技術基準を定める省令（電気設備技術基準）の改正により、コンクリート躯体に直接埋設できる低圧屋内配線用ケーブルが増え、集合住宅などに採用され始めています。この工法は、配管が省略できるので、配管材料および工費が節約でき、施工時間の短縮などのメリットがありますが、将来の負荷増大にともなう増設等への対処が困難、また、損傷等のトラブル対処にも手間がかかるなどのデメリットもあります。

天井内および間仕切り壁　隠ぺい配管・配線

　隠ぺい配管・配線とは、天井内や後施工間仕切り壁の中に隠して配管・配線することをいい、金属管、合成樹脂管、合成樹脂可とう管（PF管）などにビニル絶縁電線（IV）を使います。さらに、ケーブル工事ではケーブルをそのまま配線できます。幹線などを水平展開する場合では、ケーブルラックにケーブルを敷設します。ケーブル配線は、天井内区画貫通箇所には、区画貫通処理（68ページ参照）を施すことが規定されています。木造間仕切り壁内のケーブル配線では、木軸貫通部に養生用として金属管を使います。軽量鉄骨（LGS：Light Gauge Stud）間仕切り壁では、LGSの貫通部にケーブル被覆損傷保護のため、ブッシングなどを使います。

仕上がり状態が見える　露出配管・配線

　おもに機械室や駐車場などで露出配管・配線が施工されています。金属管に電線を引き入れる工法であったり、ケーブルラックにケーブルを敷設する工法であったり、**ワイヤリングダクト**といわれるダクト内に電線、ケーブルを敷設する工法で施設されています。

　配管部分のすべてが露出しており、施工が終わった状態の外観が仕上げ状態となるので、見栄えについても注意して施工します。

各種配管工事において施工上注意すべきこと

打込み配管の注意点

CD管・PF管の配管

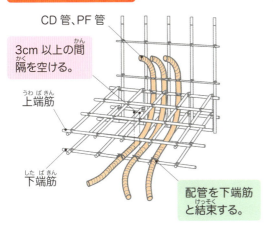

金属管の配管

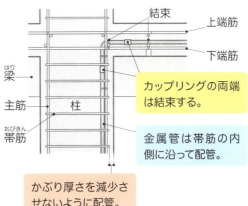

隠ぺい、露出配管・配線の注意点

天井内の配管・配線

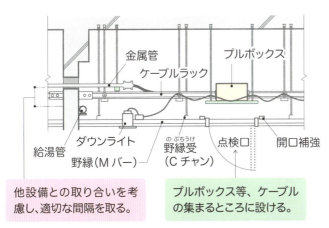

LGS下地の貫通処理

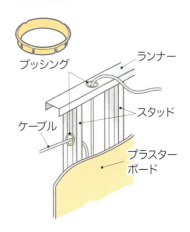

露出配管は、周囲の景観、建物の美観を損ねないように配慮する。

第3章 幹線・分岐回路設備

77

Column

リスクアセスメント

リスクアセスメント（以下 RA）を知っていますか？　特に電気工事に関わる方には安全に関することなので必修科目です。設計に関わる方もこれを理解する必要があります。「こんな設計だから人が死ぬんだ」と言われないようにです。

戦後の高度成長期の、高止まりしていた労働災害は、労働安全衛生法が昭和 47 年に施行され、それ以来、大きく減少しましたが、現代でもゼロにはなっていません。横ばい状態です。これを改善すべく平成 17 年に労働安全衛生法の改定が行われ、「RA」の実施が努力義務化されました。

労働安全衛生法第 28 条の 2 に書かれている内容は「事業者は労働者の危険又は健康障害を防止するため必要な措置を講ずるように努めなければならない。」とあります。この具体策が RA です。製造業や建設業がその対象です。

RA の手法は、❶危険性や有害性の特定、❷リスクの見積り、❸リスク低減対策の検討、❹リスク低減措置の実施、❺RA を実施した結果の記録となっています。

電気工事には新設工事や更新工事そしてリニューアル工事があり、場所で見ると人里離れた送電線敷設工事や町中の電柱に上っての作業、ビル内の空調が効いていない場所での工事など、多種多様な形態があり、いつも天気が良いとは限りません。暑い日もあれば雪が降る寒い日もあります。感電だけでなく、墜落転落、飛来落下、挟まれ等様々な危険が潜んでいます。何も対策しないと即死亡事故に結びつきます。ここで必要になるのが「RA」です。「RA」は作業場の危険要因を洗い出し、対策を立て実行することで危険の要素を減らし安全に作業ができるようにします。そのための手法です。「RA」の考え方は電気工事に限定されるのではなく、全産業に共通する安全対策の概念です。ご安全に。

頻度（事象が繰り返される割合）		
頻繁	頻繁に危険性または有害性に接近する	4
ときどき	故障、修理、調整などでときどき危険性または有害性に接近する	2
めったにない	危険性または有害性に接近することはめったにない	1

可能性（事象に出会ったとき事故にあう可能性）		
確実である	かなり注意力を高めていても災害につながり回避困難	6
可能性が高い	通常の注意力では災害につながる	4
可能性がある	うっかりしていると回避できず災害になる	2
可能性がほとんどない	通常の状態では災害にならない	1

重大（けがの程度）	
致命傷	10
重症	6
軽傷	3
軽微	1

大 ← リスクレベル →

頻度＋可能性＋重大性でリスクレベルが表示される。

第4章

動力設備

エレベーターやエスカレーター、エアコン、各種ポンプなどの大きな力を必要とする機器を動かすには、電動機によって電気エネルギーを機械動力に変換する必要があります。この電動機や、機器をコントロールする動力盤・中央監視設備などを総称して動力設備といいます。実体がつかみにくい動力設備ですが、建物を機能させる重要な設備です。

1 動力設備とは

動力機器とはどんなもの　必要不可欠で身近にあるもの

　動力機器とは三相（3φ）の電気で動かすもので、エレベーター、エスカレーター等の搬送機器、エアコンや換気扇等の空調機器、給水ポンプや排水ポンプ等の給排水衛生機器、消火ポンプや排煙機等の防災機器、業務用冷蔵庫や食器洗い機等の厨房機器、CTやMRI等の医療機器、シャッター、工場の生産機器などがあります。これらはみな、電気を使って、大きな力を必要とする機械といえます。ほとんどの機器には誘導電動機（86ページ参照）が組み込まれています。いわゆるモーターといわれるもので、回転する機械です。ポンプ等は電動機が直接見えているのでわかりやすいと思いますが、自動ドア等、回転運動を扉の水平運動に変えて使うものや、エアコンのようにシステムとして使われているものなど、機械の一部になっているものは実像が見えにくいと思います。

まとめて受け取り個別に送る　動力設備の構成

　受電した電気をキュービクル（変電設備）で三相200V（400V）の電気に変換し、動力機器に電気を送るのですが、必要としている機器が30、40とあったらどうしたらよいでしょうか。キュービクルから直接送ることも可能ですが、配線の数もキュービクルの大きさも、ものすごいことになってしまいます。そこで、動力機器をグループに分け、機器の近くに動力盤を設置します（空調用であれば空調機械室等）。キュービクルからは動力盤（グループ）ごとに電気を送ればよくなります。

　ここまでを受変電設備および幹線設備としていることが多く、動力盤から各動力機器までの配線を動力設備としているのが一般的です。動力設備に幹線を含める、動力盤は含めないとする場合もあり、建物の用途や規模に応じて範囲を変えることもあります。工事完了までの予算管理等のために、設計段階から区別している意味合いが強いと思います。区分が違っていても建物ができてしまえば同じものです。基本的な流れをおさえていればよいと思います。

利便性、経済性、なにより安全性　動力設備の役割

　動力盤を設置して動力機器に電源を送るなかにも、ルールがあります。火災や感電などの事故を未然に防ぐために、機械を自動的に止めるなどの対策をしています。人が快適に生活できるようにさまざまなセンサーを用いて自動運転や省エネ運転を行えるようにもしています。色々な規定を守って安全性を高めるなかで、快適な生活をめざし、省エネなど環境に配慮することが求められています。

大きな力を必要とする機器を動かすための設備

色々な動力機器

三相200V(400V)を電源として作動する機器を動力機器といい、主に以下の機器類がある。

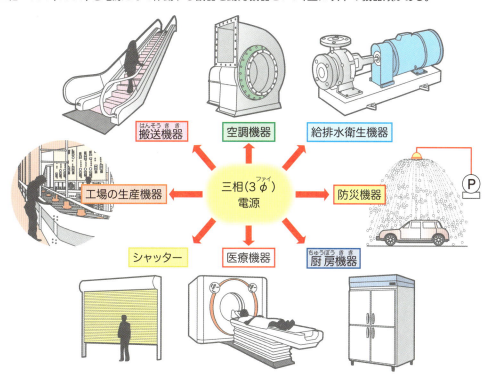

動力設備の構成

キュービクルから機器に直接電気を送ると、機器の数に応じて配線の数が多くなる。また、電源供給はできるが、制御はできない。

そこで、グループ化した機器ごとに動力盤を設け、キュービクルからは動力盤だけへの配線とする。動力盤は制御を行うこともできる。

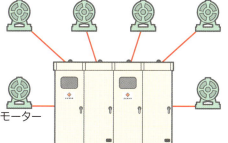
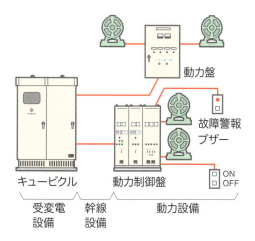

第4章 動力設備

81

2 動力盤とは

動力分電盤・動力制御盤の違い　制御の個別化、電子化

　明確なルールがあるわけではありませんが、ここでは動力盤は分電盤、制御盤どちらも含んだ総称とします。**動力分電盤**は冷蔵庫等の機器へ電気を送るための開閉器だけを納めた盤、**動力制御盤**は機器へ電気を送る開閉器に加え、自動運転をさせたり、離れた部屋から運転、停止の操作をさせたりするための制御回路を組み込んだ盤とします。

　かつて、動力盤といえば動力制御盤を指しましたが、最近の機器は、コントロールするための回路が電子化され、個別に組み込まれた盤が付属されており、電源だけを供給すればよい機器が増えています。エレベーターや冷蔵庫、ヒートポンプ方式の空調機等がこれに該当します。また、空調設備や給排水衛生設備を自動的に管理（監視）するために**自動制御（計装）盤**を設置する場合がありますが、これは電気設備とは分けて、機械設備（空調設備など）の中で、自動制御（計装）設備として設置しています。動力制御盤は200V（強電）でコントロールしているのに対し、自動制御（計装）盤は24V等（弱電）で配線し、コントロールしています。電気設備で設置する制御盤とコントロール（CP）盤との間で配線のやり取りを行うこともあります。

開閉器のルール　動力分電盤の構成

　使用する電気の量によって**開閉器**の大きさが決まります。機器ごとに特性がありますので、カタログから推奨の開閉器容量を決めます。ポンプ等、誘導電動機を使っている機器は、『内線規程』（需要設備専門部会編：（社）日本電気協会）の表（右ページ参照）を使って決めています。分電盤の主開閉器の容量も表から算定しています（インバーター制御の機器やヒーター類を含む場合は、計算によって算定します）。

　屋外で使用するものや、湿度の高い場所で使用する機器の回路には漏電遮断器（ELCB・感電防止）を設置します（一般の開閉器はMCCB）。

どんなことをさせているのか　動力制御盤の役割

自動運転：タイマーやレベルスイッチ等を使用して人の操作なしに機器を動かします。
連動運転：給気用のファンと排気用のファン等を1つの動作で一緒に動かします。
交互運転：給水ポンプ等2台のポンプを交互に動かします。
遠方運転：制御盤設置室とは別の離れた部屋（事務室等）からスイッチ操作をします。
保護装置：電動機（モーター）の過負荷運転や漏電時に電気を遮断します。
警報装置：運転状態や故障表示、警報ブザー、表示をします。

動力分電盤・動力制御盤の総称

動力分電盤とは

動力機器に電気を供給する分電盤。制御を行う必要のない機器に使用する。

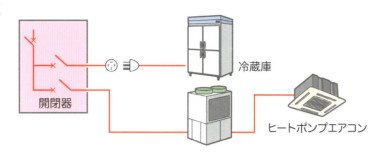

動力制御盤とは

制御回路が組み込まれていない機器のON-OFFや保護などの制御を行う。

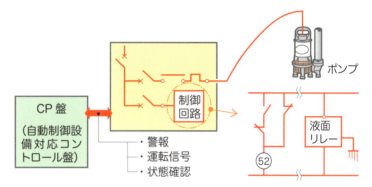

52は交流回路を開閉する接触器を示す。

開閉器容量の決定

電流を開閉する開閉器の大きさは一般的に、電気設備の業務を行う上で守るべき技術的事項をまとめた民間規格により決められる。

■200V 三相誘導電動機1台の場合の分岐回路（配線用遮断機の場合）（銅線）

定格出力（kW）	全負荷電流（規約電流）	配線の種類による電線太さ					過電流遮断器（配線用遮断器）〔A〕		電動機用超過目盛り電流計の定格電流（A）	接地線の最小太さ
		電線管、線ぴに3本以下の電線を収める場合およびVVケーブル配線		CVケーブル配線		じか入れ始動	始動器使用（スターデルタ始動）		
		最小電線	最大こう長	最小電線	最大こう長				
0.2	1.8	1.6mm	144m	2mm^2	144m	15	-	5	1.6mm
0.4	3.2	1.6	81	2	81	15	-	5	1.6
0.75	4.8	1.6	54	2	54	15	-	5	1.6
1.5	8	1.6	32	2	32	30	-	10	1.6
2.2	11.1	1.6	23	2	23	30	-	10, 15	1.6
3.7	17.4	2.0	23	2	15	50	-	15, 20	2.0
5.5	26	5.5mm^2	27	3.5	17	75	40	30	5.5mm^2
7.5	34	8	31	5.5	20	100	50	30, 40	5.5
11	48	14	37	14	37	125	75	60	8
15	65	22	43	14	28	125	100	60, 100	8
18.5	79	38	61	22	36	125	125	100	8
22	93	38	51	22	30	150	125	100	8
30	124	60	62	38	39	200	175	150	14
37	152	100	86	60	51	250	225	200	22

（『内線規定』需要設備専門部会編（日本電気協会）より抜粋）

※こう長とは、盤と機器間の電線の長さのこと。

第4章 動力設備

3 動力の配線

燃えてはいけない配線、通常の配線　　配線の種類

　排煙機や消火ポンプなど、火災のとき、必ず動いていなければいけない機械には**FPケーブル**と呼ばれている耐火ケーブルを使って電気を供給します。その他、制御配線（せいぎょはいせん）などで使用している**HPケーブル**と呼ばれている耐熱電線など、建築基準法に沿った配線の使い分けも必要です。通常の機器に使用されるケーブルの種類としてはEM-CE（CV）の3芯（3C）ケーブルやEM-CET（CVT）ケーブルが主なものです。ケーブルサイズが14mm^{2}を超えると施工のしやすさからCET等のトリプレックス型が使われています。屋内の機器で配管に保護されていればEM-IE（IV）などの電線も使用できます。EM-CE5.5mm^{2}や8.0mm^{2}ケーブルの場合、接地（アース）線を含んで4Cケーブルを使用することもあります。

計算よりも仕様書優先　　配線サイズ

　動力機器のカタログ（仕様書）を見ると、必要としている配線の太さが明記されています。エレベーターは動力幹線の距離によってサイズが変わったりしますので、距離ごとに表示されています。『内線規程』には、誘導電動機（モーター）の容量に合わせたサイズが表示されています。

　設計条件によって、時には計算が必要な場合もありますが、機械によって効率が大きく異なるため、機器の資料を参考にする必要があります。誘導電動機は始動時に大きな電流を必要とすることから、運転電流（安定して動いている状態）からみるとかなり余裕をもったサイズになります。

3本の線、名前と色　　相回転（逆相）

　100V（ボルト）のコンセントに扇風機を差し込んで、コンセントプラグの向きを左右変えても羽の回る向きは変わりませんが、三相の電動機の場合、配線の接続を間違えると逆回転してしまいます（**逆相**といいます）。三相をそれぞれ、**R相**（赤）、**S相**（白）、**T相**（青）と呼んでいます。電動機側には**U端子**（たんし）、**V端子**、**W端子**と名称を付けてR－U、S－V、T－Wと接続します。3つうち2つが入れ替わると、R－V、S－U、T－Wとなり、逆相になります。

　電力会社からの供給時点で、ケーブルの色の使い方が違うこともあります。工事の段階でどこかでつなぎ間違いが起こる可能性もあります。ポンプ等を動かす前に、受電箇所から順番に相のつなぎに間違いがないか必ず確認していきます。排気のためのファンが逆回転によって給気することもありますので注意が必要です。

動力設備に使用される配線

電力ケーブル・配線の種類

名称	略称	環境配慮型	備考
600Vビニル絶縁電線	IV電線	EM-IE電線	配管で保護して使用。
ビニル絶縁ビニルシースケーブル、600Vビニル絶縁電線をビニルで被覆したもの	VVケーブル	EM-EEケーブル	VVFのようにFがつくと平形、Rがつくと丸形になる。2.0mmまでがよく使われる。
架橋ポリエチレン絶縁ビニルシースケーブル	CVケーブル	EM-CEケーブル	5.5mm^{2}以上でよく使う。幹線や動力設備では一般的に使用。
架橋ポリエチレン絶縁ビニルシースケーブルトリプレックス管	CVTケーブル	EM-CETケーブル	CVケーブルを3本より合わせた形。14mm^{2}以上。
耐火ケーブル（FC）	FPケーブル	FPケーブル	EM-FPのようにEMをつける場合もあるが、ビニルを使用していないので、同じ製品の場合もある。
耐熱ケーブル（FB）	HPケーブル	HPケーブル	

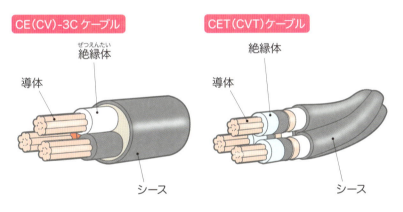

配線のつなぎ間違いに注意

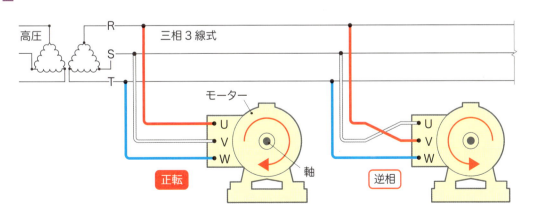

電源と三相電動機の配線を間違えるとモーターの回転が逆になってしまうため、接続には注意が必要。

4 電動機

電動機が使われる理由　　主な電動機の種類と特徴

　電動機には大きく分けて、**誘導電動機**、**同期電動機**、**整流子電動機**、**直流電動機**があり、下図のように分類されます。誘導電動機以外は、用途が限られているため、聞いたことのない人のほうが多いと思います。

　同期電動機は、大容量低速度運転に適しており、主にセメント工場や化学工場などに採用されます。整流子電動機は広範囲に速度制御（そくどせいぎょ）が可能で、低速度でも高い効率を維持できます。主に大出力のターボ送風機などに使われています。直流電動機は直流電源を必要としますので、電気鉄道用など限られた用途になります。誘導電動機は小型から大型のものまで対応できます。構造が簡単、価格も安く、取り扱いも簡単なことから幅広く使われています。

三相誘導電動機の種類と特徴　　かご型電動機

　誘導電動機は、大きく分けて**三相誘導電動機**と**単相誘導電動機**に区分されます。三相誘導電動機はさらに**巻線型**と**かご型**に区分されます。単相誘導電動機は**分相始動型**等に５つに区分されます。

　電気設備において、特記していない限り、誘導電動機はかご型を示しています。

西日本のほうがポンプは早い　　極数と周波数

　ポンプの回転数を算出する計算式は $N = 120f / P$ で表します。N は回転数、f は周波数、P は極数です。回転数は周波数に比例しており、東日本は 50Hz（ヘルツ）、西日本は 60Hz です（22ページ参照）。同じ仕様のポンプなら西日本のほうが 1.2 倍速く回ります。

　極数は自転車のギアのイメージです。1速（一番軽いギア）と5速（一番重いギア）でタイヤの回転を想像してみてください。同じ１回転でどちらのほうが多くタイヤが回るかといえば、5速のほうが多く回ります。しかし、その分大きな力を必要とします。電動機には２極と４極のものがあります。２極は小型で比較的小さい力で動くもの、４極は大型の大きな力を必要とするものに使われています。

建築設備のエネルギー源

三相誘導電動機の誘導電導性の原理

2極の例

外枠に固定された固定子に三相電流を流すことによって固定子に回転磁界(かいてんじかい)が発生する。

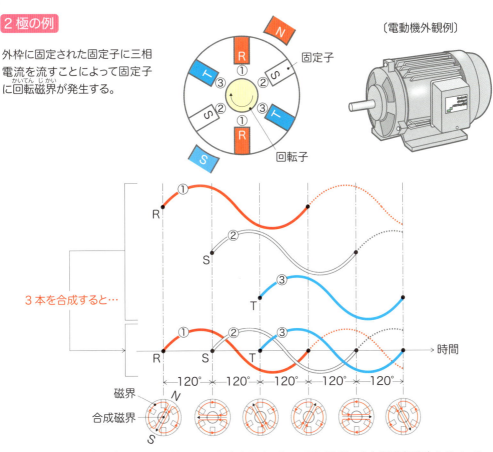

三相の波は120°ずつずれていて、磁力のかかり方を回すことで、回転子(かご)を誘導(回転)させている。

極数と効率の関係

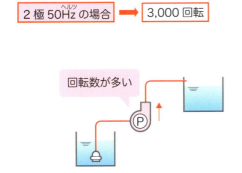

たとえば、低いところにたくさんの水を送りたいなら、2極のポンプ。

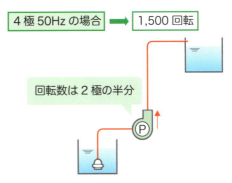

同じ容量(モーター出力)で、高いところに少量の水を送るのでよければ、4極のポンプ。

5　電動機の制御

動かし始めは力が必要　　起動方式からインバーター制御

　前項で、自転車のギアの例で説明しましたが、荷物もなく、下り坂なら変速させないでも自転車を動かせると思います。荷物が多く、上り坂であれば変速器を使って上ります。同様に、小型で力のいらない電動機は**直入れ始動**といわれる結線方法で接続し、大きな電動機は**減圧方式**で接続します。減圧方式には、**スターデルタ始動（オープンタイプ・クローズタイプ）、リアクトル始動、コンドルファー始動、1次抵抗始動**の種類があり、コストや用途によって総合的に判断し、スターデルタから始まり、力の必要度に応じて1次抵抗始動まで選んでいきます。ほとんどの機器は、直入れ始動と、減圧方式のうちスターデルタのオープンタイプで対応できています。

　スターデルタ（オープン）の場合、ポンプにU－V－Wの他にX－Y－Zの6つの端子がついており、制御盤にて減圧始動できるように回路を組み、制御盤から電動機まで6本の配線が敷設されます。

　現在では、省エネの考えから、周波数をコントロールして回転数を制御する方法が主流になってきています。**インバーター制御**は受電した交流を直流に変換し再び交流の波形に戻して機器に供給します。直流回路（半導体）で制御を行うため熱や大電圧（電流）には弱く、他にもコスト（高額）や騒音（キーンというかん高い金属音）など色々な問題点がありました。現在では技術が進み、安価で使いやすい汎用品を各メーカーが販売しています。大型の機器に対応した汎用品も増えてきています。従来の大型機器はスターデルタ始動などが必要でしたが、インバーター制御を行っている電動機は始動時において低速度（小電流）で動かせるため、直入れ始動が可能です。

　同じ機械を使っていても、制御の方法などで、配線の本数が変わることがあります。建築や空調、給排水衛生の各担当者と共有すべき情報が増えてきています。従来通りとあいまいにせず、正確な情報を伝えるようにします。

保護装置　　制御盤の役目

　誘導電動機を載せたファンやポンプの多くは電動機自体に保護装置を持っていないため、制御盤で電源を事前に遮断して、ポンプの焼き付き等を防ぎます。焼き付きの原因となる、過負荷運転→電流過剰→電線加熱、この流れを利用して、**サーマルリレー**（熱によって回路遮断できる機器）を組み込んで電線よりも早く反応させ、電気を遮断させているのです。同時に、サーマルリレーの作動をランプ表示と警報ブザーで確認できるようにします。

スムーズな運転のための制御・保護

起動方法の選択

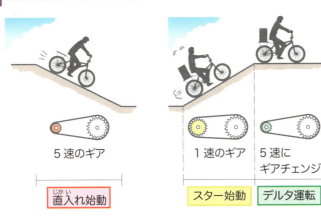

自転車をこぐ際に、こぎ始めや坂を上るには1速の軽いギアにし、平坦な道では5速にチェンジする。電動機も必要に応じて起動方法を選び、電動機に過剰な負担がかかることを防ぐ。

最も一般的なスターデルタ始動

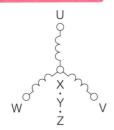

始動時には電動機の固定子のコイルを星の形にして、電流を直入れ始動の1/3とする。

モーターが加速し、ほぼ全速度まで達したら、三角形の結線に切り替え、通常運転とする。

3つのコイルの電流の大きさを変えている。

インバーター制御による回転数の制御

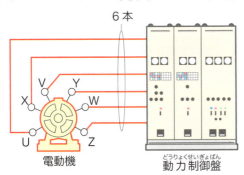

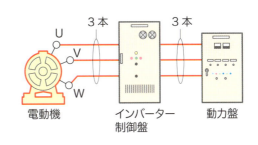

電動機の固定子のコイルが人から△の形になるよう、制御盤で自動的に切り替える。

インバーター制御の導入で、周波数を変えることで電動機の回転数をコントロールできる。省エネにつながることから、ポンプ（水）やファン（空気）などの変流量制御を行う場合の採用が増えている。

6 中央監視設備

中央監視とは　形式と構成

　従来の建物では 82 ページで述べた自動制御盤に警報や状況監視を組み込むことが多く採用されていました。最近では、ヒートポンプ方式の空調機が採用され、機器にオプションで設置できる「集中コントローラー」等があれば自動制御盤が不要となるため、各警報などを管理する監視設備の設置が増えています。小規模の建物の場合は別項目とせずに、動力設備の一部とする場合もあります。

　中央監視設備の形式は大きく２つに分類されます。警報盤は各機器の異常や故障などの警報を監視する場合に設けます。監視制御盤は異常、警報に加え運転などの状況表示、操作、電力量などの計測の機能が加わります。『建築設備設計基準』（国土交通省大臣官房官庁営繕部設備・環境課監修）の中央監視制御では、警報盤をⅠ型、壁掛型程度の小さいものをⅡ型、デスクトップやコンソール型の大きいものをⅢ型と分けています。

　大規模な変電設備のある建物では、変電設備の結線図をパネルにして開閉器ごとの警報や変圧器の警報などがわかるようにしています。

　中央監視設備には、停電時にも監視が必要な場合には、UPS（交流無停電電源装置）を設けています。

中央管理室、防災センターとは　建築基準法、消防法

　非常用エレベーターが必要とされる建物の場合、建築基準法（施行令第 20 条の 2 第 2 号）によって中央管理室が必要となります。中央方式による空気調和設備や排煙機の制御も管理室で行うことになります。

　中央管理室を防災センター（164 ページ参照）併用としてもよいことになっていますので、一緒にしているところも多いと思います。ただし、防災センターは消防法（施行規則第 12 条第 8 号、火災予防条例）によって設置基準が別に定められていますので、それぞれの基準に準拠します。

エネルギーの「見える化」　全体管理から個別管理

　中央監視の役割として計測があります。従来は建物全体の電力量や水道量、ガス量などを見ていましたが、フロア単位や部署単位など細かくし、見える化することで効率よく使用できる工夫をしています。分電盤や回路ごとに使用量を測定できる機器を組み込むためイニシャル（建設）コストは上がりますが、ランニングコストを下げるのに有効な手段になっています。

各機器の異常や運転状況の監視を行う

中央監視設備とは

空調設備や給排水衛生設備、消防・防災設備などの動力機器を遠隔で監視・制御する。

警報・監視制御機能

中央監視設備の警報・監視制御機能の例として、以下のものがある。

状態・警報監視	最適運転/停止制御	登録データ変更機能
動作監視	季節切替制御	データ検索機能
計測	間欠運転制御	長期データ収集
計測値上/下限監視	変流量送水圧力設定制御	機器台帳管理
グラフィック表示	PMV管理制御	機器稼働履歴監視
各種リスト表示	無効電力制御	集中検針機能
システム監視	停電・復電制御	課金機能
オペレーションガイダンス	非常用発電装置負荷制御	施設管理機能
手動個別発停操作	電力デマンド監視	統計処理機能
グループ一括発停操作	電力デマンド制御	保守スケジュール機能
個別設定操作	照明制御	エネルギー解析機能
積算	計算機能	外部警報出力機能
連動制御	グラフ作成機能	防災設備統合機能
スケジュール設定・制御	作表印字	防犯設備統合機能
外気取入制御（外気冷房制御）	メッセージ印字	通信処理機能

警報・監視制御を行う項目の例として、以下のものがある。

監視制御対象		I形 表示	II形 表示	II形 計測	III形 表示	III形 計測	エネルギー解析用	備考
高置タンク式給水系								
流入水量				●		●	○	積算値
受水タンク	満水	●	●		●			
	減水	●	●		●			
高置タンク	満水	● 一括	●		●			
	減水	●	●		●			
揚水ポンプ	運転・停止		○		○			液面継電器による自動運転
	故障	●	●		●			
排水系（浄化槽も含む）								
排水槽	満水	●	●		●			
排水ポンプ	運転・停止	● 一括	○		○			液面継電器による自動運転
	故障		●		●			
湧水ポンプ	運転・停止	● 一括	○		○			液面継電器による自動運転
	故障	●	●		●			
膨張タンク系								
タンク	満水	● 一括	●		●			
	減水	●	●		●			

●：表示欄が●のものは警報を行う。計測欄が●のものは記録（日報・月報）する。
○：状態表示を行う。

（『建築設備設計基準』（国土交通省大臣官房官庁営繕部設備・環境課監修）より）

7 エレベーター

エレベーターの区分について　建築工事、電気工事、機械工事

　建物（設計）の発注元の区分によって、どこの工事に組み込まれるのか決まっています。搬送設備（輸送設備）として、電気工事に入ることもあります。躯体との取り合いが多く、エレベーターメーカーとの打合わせが多いため、建築工事としている場合や、搬送機械という理由で、機械設備としている場合もあります。電気設備に携わっている方でも、電気設備図面として取り扱ったことのない方もいると思います。構造や作りに関してはエレベーターのメーカーにお任せしているのが現実ですので、あまり掘り下げず、種類や法律で決められていることなど最低限の解説とします。

エレベーターの種類とはいうものの　分類と名称

　駆動方式の分類として、**ロープ式**、**油圧式**、**スクリュー式**、**ラックピニオン式**とに分類されます。小規模のものは油圧式を採用していましたが、最近では機械室のいらないロープ式の採用が増えてきています。スクリュー式は固定したネジに付いたナットを回すような構造で上げ下げします。ラックピニオン式は歯車を使って上げ下げします。

　建築基準法上の用途による分類として、**常用**、**荷物用**、**人荷共用**、**寝台用**、**自動車運搬用**に分類されます。定員や定格積載量など用途に応じた計算式があります。使用形態による分類として、**非常用**、**住宅用**、**車いす兼用**、**小型**、**小規模共同住宅用**に分類されます。用途に応じて規定の緩和を受けて計画が行えます。定格速度による分類として、**低速**、**中速**、**高速**、**超高速**に分類されます。ピットの深さや安全装置などそれぞれに沿った規定があります。高層ビルになるほど早いものが求められます。

　その他に、ダブルデッキ（1つの昇降路にカゴが上下に2つのもの）、展望用、シャトル、斜行（斜めに動く）、ヘリポート用、観光用などの特殊なエレベーターもあります。

台数や大きさの決め方は？　交通計算法、建築基準法、使用目的

　事務所ビルなら社員の出勤時間が使用者数のピークになります。エレベーターの到着を待つのは意外とストレスを感じるものですが、台数が多すぎたり、カゴが大きすぎたりしてはスペースやコストの無駄につながります。交通計算法を使い、同時に使う人数、対象となる人の属性、ピークの時間と長さ、カゴの大きさ、上下のスピード、扉の開閉速度等さまざまなデータから決めていきます。非常用エレベーターの設置などは、建築基準法によって決められています。特殊なものは使用目的だけで決めることもあります。

数人を一度に高層階へ運ぶ搬送設備

エレベーターの種類

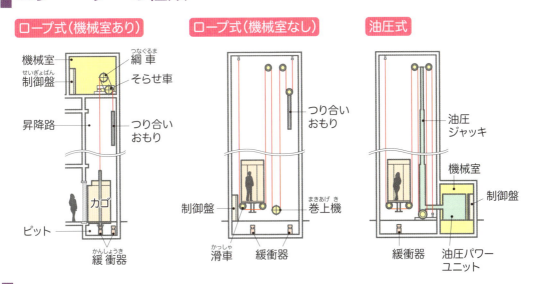

ロープ式エレベーターの構造

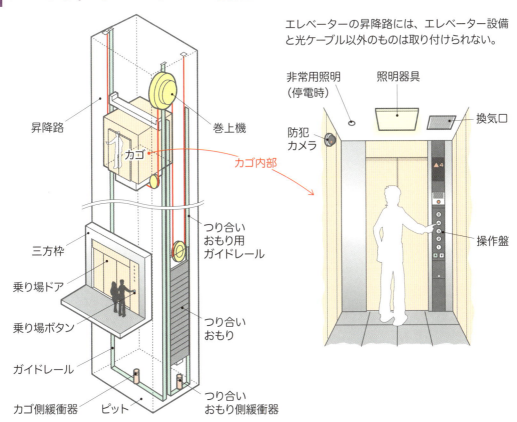

8 エスカレーター

平面式、ベルト式もエスカレーター　　エスカレーターの種類

　標準エスカレーターと呼ばれているものは、勾配が30°以下で、踏段にパレットを使用しているものです。駅やデパートなど、ごく普通に目にしているものです。勾配が30°を超えると特殊な構造のエスカレーターとなり、規定が厳しくなります。

　動く歩道もエスカレーターに区分されます。パレット式とベルト式があり、勾配は15°以下です。ホームセンターやスーパー等で、売り場と駐車場までを、カートごと移動できるようなところに多く使われています。平面タイプは、空港や駅などで、乗換通路が長い場合などに使われています。

パレットの不思議　　踏段の構造

　乗るときは広い平面状なのにすぐ階段のように変形し人を運んでくれます。イラストのように平面部分とライザと呼ばれる部分とでL型を構成しています。複数組み合わせることで、見慣れた形になります。通常はすぐに階段状になりますが、車いす運転の場合フラット面が大きいまま運ぶことができます。

事故を未然に防ぐために　　安全装置・安全対策

　エスカレーターが逆転するという事故のニュースもありました。**駆動チェーン安全装置**（基準法での規定はない）、や**電磁ブレーキ**で逆転防止対策を行います。

　その他、**踏段チェーン安全装置、移動手すり入り込み口安全装置、スカートガード安全スイッチ、非常停止スイッチ、三角部固定式保護板、シャッター連動安全装置、転落防止仕切板（柵）、進入防止柵**等、事故が起きる前に安全に止める手立てや、落下、転落、挟み込み防止等、建築躯体に直接関わる安全策を施します。

意外と高い輸送能力　　エスカレーターの配置

　エレベーターとエスカレーター、どちらの輸送能力が高いのでしょうか。縦の移動時間で考えるとエレベーターのほうが早いので、エレベーターと思いがちですが、エスカレーターのほうが、10数倍輸送能力が高いとされています。途切れることなく連続的に輸送でき、エレベーターに比べ、待ち時間はないと考えられるからです。常時多くの人を対象とする、デパートなどには適しています。防火上の区画の問題やスペースの問題もありますので、エスカレーターの特徴をつかんで、適材適所で計画、配置をし、エレベーターと組み合わせることが大事だと考えます。

連続的に多くの人を輸送する搬送設備

エスカレーターの構造

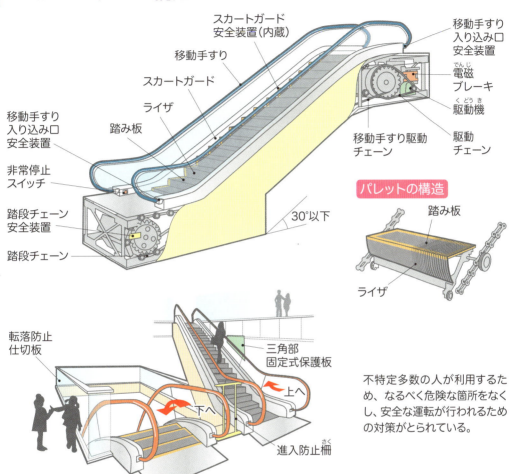

不特定多数の人が利用するため、なるべく危険な箇所をなくし、安全な運転が行われるための対策がとられている。

動く歩道もエスカレーターの一種

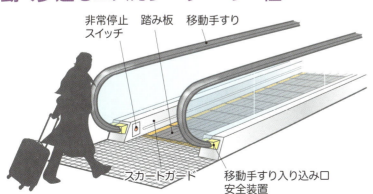

空港や鉄道駅などによく見られる動く歩道は、大きな荷物を運ぶ人や先を急ぐ人の安全のための対策が必要とされる。

Column

変化と柔軟性

　会社の特定の場所でしていた仕事が、テレワークなど働く場所を選ばずにできるようになったことで、オープンオフィスやWEB会議対応の部屋などが増えました。要望される機器や設備、求められる環境がだいぶ変わってきています。

　今後も、量子コンピューターや次世代通信（6G）、AI、ペロブスカイト太陽電池（発電）、全固体電池等によって新しいしくみが生まれて来るはずです。

　すでにLED照明が主流になっており、蛍光灯も2027年には輸入、製造できなくなります。個人の家でも蛍光灯（管）を使っている器具があれば、器具ごと交換する必要がでてきます。光配線やWi-Fiを部屋（家電）ごとに接続することが当たり前になってくるかもしれません。

　地球温暖化対策のため新築マンションもトップランナー基準（建築物のエネルギー消費性能の向上等に関する法律・通称：建築物省エネ法）に加わりました。

　ビルの用途としてラボ（研究施設）等のニーズもあり、ラボ用専門の貸しビルも増えてきた印象です。一般の事務所と違い排気（ドラフト）や給排水（酸、アルカリ）、振動（電子顕微鏡）の許容、床荷重、電気容量や電圧等、用途によって要望や検討事項が大きく異なる施設だと感じています。

　基本的な設備は変わりませんが、新しい技術や環境にあわせ新しい仕様が要求されます。対応の可否、関係する法規や規制の検討が増えることもあります。直接関係ないようなことでもどこかでつながってきたりします。固定概念にとらわれず、全方向にアンテナを張り巡らせ、簡単ではありませんが、気持ちだけは柔軟な対応が常にできるようにこころがけたいと思っています。

ドラフトチャンバー
有害なガスや揮発性の有害物質などを排気し、研究者の安全を確保する局所排気装置。

第 5 章

電灯設備

電灯設備とは、単相で送られる電気で動く電気設備全般を指し、照明設備、電灯・コンセント設備、単相機器設備があります。
本章では、コンセント設備と照明設備について説明します。最も身近な照明設備ですが、従来のランプがLED灯でほぼ対応できるようになり、主流となりました。改修（経年劣化）で器具交換が行われるタイミングで従来のランプは姿を消していきそうです。これからはLED灯の特性を向上させ、演色性、彩色、器具デザイン、配光など様々な場所に合わせた製品が出てくると思います。

1 電灯設備とは

一番身近で使用するもの　主に照明やコンセント

　電灯機器とは単相（1φ）の電気で動くもので、100Vと200Vがあります。家庭用では大きいエアコンやIH調理器に200Vのコンセントを使うことがあります。事務所ビル等では照明に200Vを使うことが多く、エアコンの室内機にも200Vを使います。電灯設備を大きく分類すると、**コンセント設備**、**照明設備**、**単相機器設備**になります。さらに、照明設備を**誘導灯設備**、**非常照明設備**、**外灯設備**に分けることもあります。

　また、コンセント設備を**非常用コンセント設備**や**医療用コンセント設備**に分けることもあります。電灯幹線設備、電灯分岐設備などの区分けもあります。

単相100Vとは　交流の最大電圧は141V

　人が誤って感電した場合でも、リスクを最小限にするために対地電圧を150V以下にしています（28ページ参照）。交流の波形は0Vから141Vの間で常に変化しており、直流と比較して同じ働きをするところが100V（実効値）なのです。

　単相3線方式の場合、100Vと200Vの電気が取り出せます。200Vは150V（対地電圧）を超えているのではと思う方もいると思います。200Vは線間電圧の値を示しています。対地電圧はあくまでも接地相からの電圧として考えるので、100Vになります。接地してある線の対地電圧は0Vです。

一番身近で使用しているから誤って触れやすい　接地の意味

　コンセントにしても照明の電球交換にしても、電灯設備を使用、保守する際には、電気の来ているところに手を触れやすくなります。白熱型電球を交換するとき、誤って器具のソケット部分に触れても感電はしないと思います。スイッチを切って行っているので当然と思いますか？　スイッチが切ってあっても、**接地**していない線に触れると感電します。接地してある線を電灯に、もう一方をスイッチに配線しているので、感電は起こらないのです。

　細かなところにもルールがあり、安全に事故のないように考えられています。間違った施工で接地していない配線が電灯に配線されていた場合、感電する場合があります。絶対に確認してみようとは考えないでください。

安全のために知っておきたい接地のしくみ

電灯設備の分類

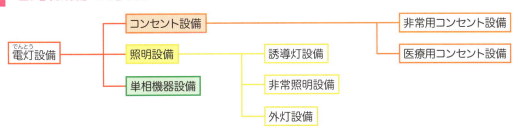

最大電圧と接地のしくみ

最大電圧と実効値の違い

正弦波の頂点となる141Vが最大電圧。

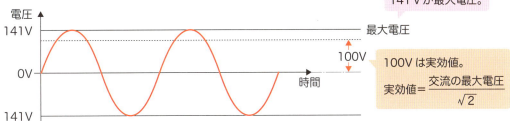

100Vは実効値。

$$実効値 = \frac{交流の最大電圧}{\sqrt{2}}$$

接地のしくみ

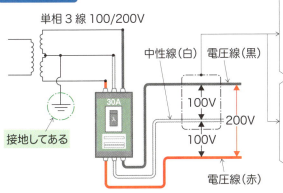

人体の抵抗より接地抵抗のほうが小さいので、電流は接地から大地に流れ、感電しないしくみになっている。

ソケット受金は手に触れやすいので接地されている線をつなぎ、奥の接触片は比較的触れにくいのでスイッチのほうにつなぐ。スイッチが入った状態で接触片に触れると感電する。

2 コンセント設備

用途や場所によって選びます　　コンセントの形状

　一般的な形として、平行プラグが上下についている2口といわれているもの。接地端子がついているもの。パソコンや洗濯機等の接地用のプラグがついている3本口のもの（接地極付コンセント）。エアコン用で15A（アンペア）と20Aどちらのプラグにも対応できるもの。200V（ボルト）用のもの。容量の大きい20Aや30Aに対応するもの。屋外用、電気自動車の充電用、医療用やいたずら防止のためのシャッター付きのもの、カバー付きのもの、抜けないようにできるもの、テレビや電話、インターネットを組み合わせたマルチメディアコンセント等たくさんあります。使用の目的や設置場所に合わせて選んでいきます。

　接地極付のコンセントについては用途により設置義務があるので注意が必要です。詳細は『内線規程』3202-3を見てください。2022年12月に一部改訂されています。

自由に決められます　　取付け高さ

　設計図（特記仕様書）でコンセントの設置高さを決めている場合が多いため、工事を行うときには準拠しますが、使い勝手でいくらでも変えられます。基準には幅はありますが、一般的には床から300mm（器具の中心まで）です。バリアフリーやユニバーサルデザインの考え方では、誰でも抜き差ししやすいように500mmです。テレビ台を作り付けで設置する等用途と場所が決まっているのであれば、床から800mmや1,300mmでも可能です。実際に使う人の立場で考えるのが大切です。

コストを考えながら多めに配置　　設置数の目安

　コンセントは多ければ多いほど利便性は高まりますが、分電盤や器具、配線等コストが上がります。機器や備品の配置を考慮して決めていきます。「備品を配置したら、コンセントが隠れて使えない」なんてことがないようにします。

　『内線規程』に住宅のコンセント設置数の目安が記載されています。使う機器やレイアウトなど決まっていない場合などは参考にするとよいと思います。『内線規程』でも改訂されたときに設置個数が増えることがありますので最新版で確認していきます。

　家電製品が充実しライフスタイルの変化とともに要求が増えています。IH調理器やコンベックスオーブンが一般的になってからは、台所に200Vコンセントの設置が標準になっています。1回路当たりの接続個数については116ページに記載してあります。

コンセントの種類と設置数の目安

さまざまなコンセント

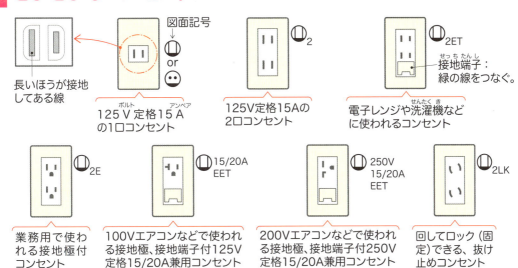

- 長いほうが接地してある線
- 125V定格15Aの1口コンセント
- 図面記号
- 125V定格15Aの2口コンセント
- 接地端子：緑の線をつなぐ。
- 電子レンジや洗濯機などに使われるコンセント
- 業務用で使われる接地極付コンセント
- 100Vエアコンなどで使われる接地極、接地端子付125V定格15/20A兼用コンセント
- 200Vエアコンなどで使われる接地極、接地端子付250V定格15/20A兼用コンセント
- 回してロック（固定）できる、抜け止めコンセント

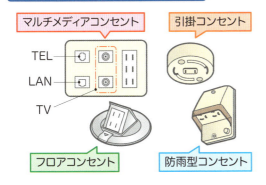

他にもさまざまなコンセントがある
- マルチメディアコンセント（TEL／LAN／TV）
- 引掛コンセント
- フロアコンセント
- 防雨型コンセント

コンセントの図面記号

記号には次のような意味がある。

口数　接地極（Earth）

他にも、ET：接地端子（Earth Terminal）、EET：接地極＋接地端子、LK：抜け止め（Lock）、T：引掛形（Twist）、WP＝防雨型（Water-Proof）などがある。

住宅のコンセント設置数の目安

使用する室		コンセント数 100V	200V	想定される機器例
台所		6	1	冷蔵庫・電子レンジ・炊飯器・トースター
食事室		4	1	
居室など	7.5〜10m² (4.5〜6畳)	3	1	テレビ・パソコン・FAX付電話・オーディオ機器・空気清浄機・ファンヒーター
	10〜13m² (6〜8畳)	4		
	13〜17m² (8〜10畳)	5		
	17〜20m² (10〜12畳)	6		
トイレ		2	-	温水洗浄暖房便座
洗面・脱衣室		2	1	洗濯機・ドライヤー
玄関		1	-	掃除機
廊下		1		

備考
- 表中のコンセント数は設置数の目安であり、口数ではない。
- エアコン、電磁調理器等、大容量機器、換気扇、給湯器、浄化槽などのコンセントについては、表の設置数とは別に考慮する。

（『内線規定』需要設備専門部会編（日本電気協会）より抜粋）

3 照明設備

明るさを得るだけではありません　照明の目的

　一般照明の主な目的は明るさを得ることです。しかし、同じ明るさでも、白色の部屋もあれば、暖色（電球色）の部屋もあります。光源の色合いを**色温度**と表現します。一般的に色温度が低い暖色系はくつろぐのに適しているといわれています。一方、色温度の高い白色系は、活性しやすいため、事務室等に適しているといわれています（個人の好みに勝るものはありません）。

　また、自然光の下で見た色と、照明の下で見た色とが違って見える場合があり、基準光源との色ずれ量から求めた、**平均演色評価数（Ra）**という値で表現しています。この値が100に近いほど、本来の色と同じように見えるようになります。美術館等では作品を劣化させないために、低発熱、低紫外線タイプの器具で、Ra値の高いものが望まれます。LED灯などで95以上の製品も出てきています。近年では見かけなくなりましたが、蛍光灯では70を下回るものもあり、実際よりも青白く見えたりしたものです。スーパーの肉の売り場で、赤身をきれいに見せる照明もあります。

　単に明るさだけではなく、「見るため」に重きを置いた**機能照明**と「雰囲気」に重きを置いた**環境照明**の融合や使い分けが、必要とされています。

どんなことを知っていればよいのか　照度基準、ランプ、手法、用途等

　照度基準という明るさの目安を決めたものがあります。照明の光源（ランプ）にもたくさんの種類があります。器具の配置の仕方や光の配光による手法にも種類があります。対象とする部屋の目的等によって明るさ（照度）や色、配光、演出が変わります。

　部屋の形状、高さや仕上げの色使いによっても、使用できる器具が限られてしまうこともあります。ガソリンなどの揮発性の物を置いてある倉庫などでは、防爆の器具を使いますし、吹き抜け空間では、高天井に対応した器具を使い、床まで光が届くようにします。ギャラリー等では全般照明よりスポット照明で作品中心の演出が好まれます。

　建築の意匠デザインに組み合わせた、天井面などの建築化照明（110ページ参照）では、器具の収まりや保守のことまで検討します。

光源にはどのような性質や特徴があるのか

色温度について

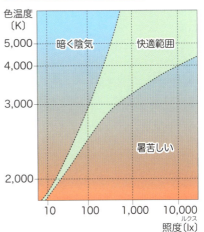

演色性と平均演色評価数〔Ra〕

白い野球ボールに白熱電球を当てた場合、実際の色に近い白で見えるが、高圧ナトリウムランプではオレンジ色に見える。このように光による物の見え方の性質を演色性といい、演色性を数値化したものを平均演色評価数〔Ra〕という。

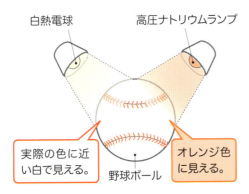

ランプの平均演色評価数の目安

光源の種類	平均演色評価数〔Ra〕
白熱電球・ハロゲン電球	100
美術・博物館用蛍光灯	99
三波長形蛍光灯	88
LED灯	70～95
水銀灯	44
高演色形メタルハライドランプ	92
メタルハライドランプ	65
高演色形高圧ナトリウムランプ	80
高圧ナトリウムランプ	25

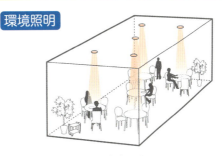

機能照明：まんべんなく明るく仕事しやすい。

環境照明：落ち着いた雰囲気で食事したい。

4 照度

明るさの程度を知ろう　日本工業規格、建築設備設計基準

　建物や部屋の用途によって明るさの基準を設けています。細かい作業を必要とする部屋は照度が高く、物置（倉庫）などは照度が低くなっています。明るさを求めるとイニシャルコストもランニングコストも多く必要となるからです。照度の基準で代表的なのは**日本工業規格（JIS）**です。官公庁の仕事をされている方は、国土交通省大臣官房官庁営繕部設備・環境課監修「建築設備設計基準」の使用が多いと思います。他では照明学会の「オフィス照明設計技術指針」等があります。

　照度の代表的な値は、一般的な事務室（執務空間）は750 lx、会議室は500lx、待合室は300lx、便所は200lx などです。手術室や体育館では1,500lx 以上要求されることもあります。

　基準はあくまでも目安なので、前後することもありますし、どの規格を採用するのか、想定値を下回ってはいけないのか等を確認して決めていきます。

平均照度が同じでも感じ方は違います　配光分布と均斉度

　照度計算（112 ページ参照）で求める値は**平均照度**です。照明器具の真下と器具と器具の中間とでは実際の照度は異なります。作業面の照度に大きなむらがあった場合、不快感を受けたり疲労感が増したりします。照明器具の光源を大きくすれば、設置する台数は少なくてすみ、コストは下がりやすいのですが、**均斉度**は悪くなります。光源を小さくし、設置台数を増やせば均斉度はよくなりますが、コストが上がり、天井面の収まりが悪くなります。器具の配光パターンによっても配置の間隔は変わります。

　配光分布を表示できる照度計算のソフトもありますので、活用しながら計画をしていきます。配置の目安として、一般的な照明器具を採用した場合、概ね2～3mの間隔で配置をするとバランスがとれます。天井の高さがある程度あれば、明るい器具を採用しても問題ないと思いますが、低い天井のときに採用すると、光むらが大きくなります。

　平面だけで考えてしまいがちですが、空間として考えていくと快適な空間を作りやすくなります。

明るさの基準となる照度

事務所と住宅の照度基準

（単位：lx＝照度、Ra＝平均演色評価数）

事務所 領域、作業又は活動の種類	lx	Ra
設計室・製図室・事務室・玄関ホール（昼間）	750	80
印刷室・電子計算機室・調理室・集中監視室、制御室、会議室	500	80
化粧室	300	90
受付・宿直室・食堂	300	80
エレベータホール	300	60
喫茶室・オフィスラウンジ・湯沸室・書庫・更衣室・便所・洗面所	200	80
電気室・機械室・電気、機械室などの配電盤及び計器盤	200	60
階段	150	40
休憩室		80
倉庫・玄関ホール（夜間）・玄関（車寄せ）	100	60
廊下・エレベータ		40
屋内非常階段	50	40

住宅 領域、作業又は活動の種類		lx	Ra
居間	手芸・裁縫	1,000	80
	読書	500	
	団らん・娯楽	200	
	全般	50	
子供室・勉強室	勉強・読書	750	
	遊び・コンピュータゲーム	200	
	全般	100	
食堂・台所	食卓・調理台・流し台	300	
	全般（食堂）〔台所〕	(50)〔100〕	
寝室	読書・化粧	500	
	全般	20	
浴室・脱衣室・化粧室	ひげ剃り、化粧、洗面	300	
	全般	100	
便所	全般	75	
玄関（内側）	鏡	500	
	靴脱ぎ・飾り棚	200	
	全般	100	

（JIS Z9110：2010 より抜粋）

照度範囲の改正について

経済産業省では、東日本大震災以降、低い照度の利用を促す意味もあり、JIS による照度基準に以下のような照度範囲を定めている。

（単位：lx）

領域、作業又は活動の種類	推奨照度	照度範囲
設計・製図・事務室・玄関ホール（昼間）	750	1,000～500
電子計算機室・集中監視室・制御室・会議室・集会室・キーボード操作・計算	500	750～300
受付・宿直室・食堂	300	500～200
書庫・更衣室・便所・洗面所・電気室・機械室	200	300～150
階段	150	200～100
倉庫・廊下・エレベータ・玄関ホール（夜間）	100	150～75

（JIS Z9110：2011 より抜粋）

照度（lx）と光の単位

明るさの基準となる照度〔lx（ルクス）〕とは、どのような単位なのか。

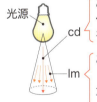

ある方向に放射される単位立体角当たりの光源本体の強さを光度（カンデラ）という。

ある方向に放射された人が感じる（標準比視感度で補正した）光のエネルギー量を光束（ルーメン）という。

照度（ルクス）はある受照面に入射する単位面積当たりの光束の明るさ〔lm/m²〕のこと。

照度分布による均斉度

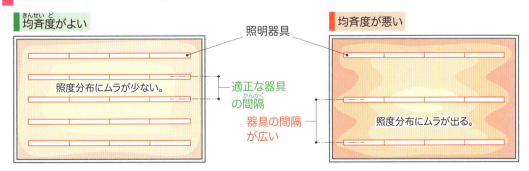

均斉度がよい　照明器具　均斉度が悪い
照度分布にムラが少ない。　適正な器具の間隔　器具の間隔が広い　照度分布にムラが出る。

第5章　電灯設備

5 ランプ（光源）の種類と特徴

ランプの種類　エネルギー効率、ランプ寿命、価格、保守

「エネルギーの使用の合理化及び非化石エネルギーへの転換等に関する法律」（省エネ法）の中の、機械器具に係る措置で**トップランナー基準**があります。簡単に説明すると、省エネ目標基準値を設けて製品を製造販売するものです。2017年に電球形LED灯の基準が定められました。現在は「照明器具」および「電球」に範囲が拡大されています。頻繁に追加、更新されていますのでこまめな確認が必要です。蛍光灯も「水銀に関する水俣条約」に合意したことから製造、輸入が禁止になります。効率の悪いランプは今後見かけなくなるでしょう。ただし、すべての製品がすぐにLED灯に更新できるわけではありませんので、知識として必要だと思います。新築や更新時には使用できる器具について注意が必要です。

一般的なランプの種類としては、**白熱灯、蛍光灯、LED灯、水銀灯、メタルハライドランプ、マルチハロゲンランプ**があります。

白熱灯にはクリプトン電球やハロゲンランプも含まれます。白熱灯は安価ですが寿命は2,000時間と短く、エネルギー効率がよくありません。

今まで一番使用されていたランプは蛍光灯になります。事務室等で一般的なのは、直管型やダウンライト等に使われるコンパクト型等です。器具の種類も豊富にあり、寿命が12,000時間程度と長く、消費電力も少なく、価格も比較的安いのが特徴です。

現在主流なのはLED灯です。器具とランプが一体となった製品があるのも特徴のひとつです。寿命が40,000時間と長く、種類も多様です。デザインや価格だけではなく、故障時の対応や製品の保証、性能試験や耐久試験の情報、施工性など多方面での検討がより重要となります。

従来、屋外や体育館の照明といえば、メタルハライドランプやマルチハロゲンランプが使われていました（寿命は12,000時間程度です）が、現在では、LED灯で対応できる種類も増えました。また、消費電力だけでなく、チラツキを制御し、スーパースロー撮影にも対応できるものや、4K、8Kに対応した高演色のLED灯が製品化されるなど主流となりました。

マルチハロゲンランプ等の使用時には定期的な電球交換のために電動昇降装置を設置していました。耐用は15年でLED灯には適合しないため撤去が必要です。現在電動昇降装置は生産終了していますので電球が切れたときはLEDへの器具ごと交換が必要となります。

代表的なランプの分類と一般特性

ランプの分類

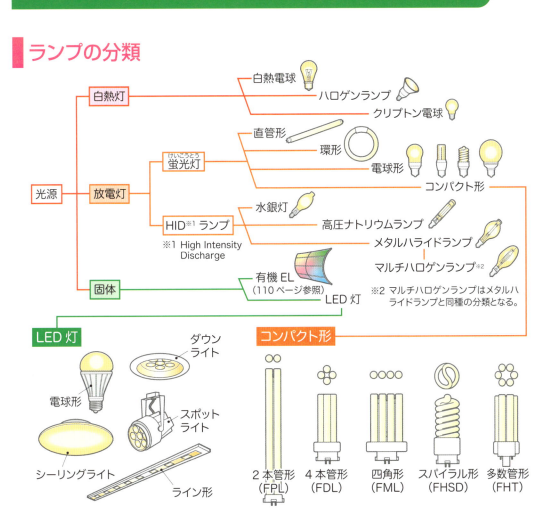

主なランプの一般特性

	白熱灯		蛍光灯	HIDランプ		LED灯
	白熱電球	ハロゲンランプ		水銀灯	メタルハライドランプ	
発光原理	熱放射		放電発光（低圧放電）	放電発光（高圧放電）		電界発光
点灯	瞬時に点灯する		低温時に明るくなるのに時間がかかる	時間がかかる		瞬時に点灯する
演色性	非常に良い		比較的良い	悪い	良い〜非常に良い	比較的良い〜良い
色温度（K）	2,850	3,000	（白　色）4,200 （昼光色）6,500	3,900	3,800	メーカーによりばらつきがある
寿命（h）	1,000〜4,000		6,000〜18,000	6,000〜16,000		40,000〜60,000
維持費	高い		比較的安い	比較的安い		安い
用途	住宅・店舗・事務所	住宅・店舗	住宅・店舗・事務所・工場	高天井工場・商店街・街路	高天井工場・商店街・体育館	住宅・店舗・事務所・高天井工場・商店街・街路・体育館・競技場
備考	表面温度が高い	白熱電球より長寿命	周囲の温度によって効率が変わる	全光束（光量）が大きい 高耐震	高効率	調色可能なタイプもある

6 照明方式

光の当て方　方式と特徴

　照明方式で一般的なものは、**全般照明**です。直管型の器具を、部屋の天井面に均等に配置する方法で、事務室等に採用されています。作業面での均斉度が高い方式です。

　局部照明方式は、部屋の一部分において高照度を必要とする場合で、ラック倉庫など通路とラックの境が明確になっているところに向いています（棚の天場を照らしても効率的ではないため）。輝度の分布差が大きいので一般室には不向きです。

　局部的全般照明方式は工場や美術館等で見受けられる方式で、通路など全体の明るさを確保しつつ、一部分を強調したいときに使われます。

　タスクアンビエント照明方式は、全般照明（アンビエント）と手元照明（タスク）を組み合わせた方式です。全般照明に押されていましたが、省エネが求められるなか見直され、採用の機会も増えています。全般照明で最小限の照度を確保し、デスクライト等を使って卓上の照度を適正値まで上げるというものです。不在時、手元照明は消灯でき、使用時は照明器具と作業面が近いため同じ照度を確保しても、小さい出力の照明器具ですみます。空間で見ると均斉度の点でやや全般照明よりは劣りますが、必要照度の確保エリアが小さいため、さほど気にならないようです。全般照明方式を採用している空間で、点滅区分を隣り合わないように交互に配線して、省エネのために半分だけ点灯できるようにする千鳥点灯時の均斉度に比べれば優れていると思います。

配光による分類　直接照明、間接照明

　直接照明は光源から見て上方に0から10％、下方に100から90％光を配分した方式で、一般的に採用されている方式です。**間接照明**は上方に100から90％、下方に0から10％光を配分した方式で、建築化照明（次項参照）としてホール等に採用されています。上方と下方の比率で直接照明と間接照明の間に、**半直接照明**、**全般拡散照明**、**半間接照明**に区分されています。

　明るさは作業面だけに求められているわけではなく、空間として考えることが求められることがあります。天井を照らしたい、壁を照らしたい、床だけを照らしたい、空間すべてを均等に照らしたいなど、求められる演出に対してどのように配光していけばよいのかを考えます。イラストの「配光イメージ」は光の向きと強さ（到達範囲）を横から見たものです。配光のイメージをもとに器具を取り付け、空間演出を行います。部屋（空間）を広く見せたいのなら天井面も明るくします。この場合、半直接照明が適しています。これは住宅に多く採用されている照明方式（器具）です。

光の当て方や配光によって空間は変化する

光の当て方による照明方式

全般照明方式

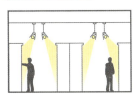
局部照明方式

局部的全般照明方式

タスクアンビエント照明方式（応用例）

タスクアンビエント照明は全般照明と局部照明を組み合わせたもの。

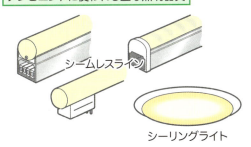
アンビエントに使われる主な照明器具

タスクに使われる主な照明器具

配光による照明方式

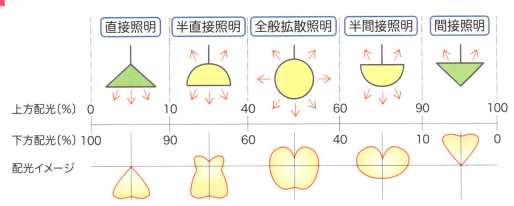

7 建築化照明

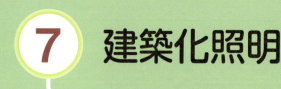

建築とのコラボレーション　建築化照明とは

　照明メーカーの製品を直接配置する照明方式とは別に、意匠(建築)的にデザインした天井や壁にランプだけのシンプルな器具を見えないように設置した照明方法を**建築化照明**といいます。

　建築化照明は**天井全面照明**と**壁面照明**に大きく分類されます。

　天井全面照明は天井面が均一に明るく、空間としての広がりを感じやすいのが特徴です。さらに**光天井照明**、**ルーバー天井照明**、**コーブ照明**に分類されます。**光天井照明**は天井の仕上げに乳白のパネルを設置し内部に照明器具を配置する方式で、保守性もよく多く採用されています。**有機 EL** も製品化されていますが、小型までで建築化照明として使えるまでは、まだかかりそうです。**ルーバー天井照明**は光天井照明の天井仕上げにルーバーを使用するもので、真下から見上げないと光源は確認できないのが特徴です。自然な明るさを演出できますが、ルーバーの清掃が大変で保守に手間がかかります。**コーブ照明**(間接照明)は照明器具の光を天井面などに当て、反射光を使う手法です。特徴としては直接光よりも光が柔らかく見えます。床面(作業面)の高い照度を得るのには向いていませんが、建築化照明として多く採用されています。

　壁面照明は**コーニス照明**、**バランス照明**、**ライトウインドウ**に分類されます。**コーニス照明**は壁上方に取り付けた照明器具を見えないように隠し、直接光が壁面を照らす方法です。**バランス照明**は壁中央(扉高よりは上方)に取り付けた照明器具を見えないように隠し、直接光を下方の壁(カーテン)と上方の壁(天井)を照らす方法です。配光の連続性が不要であれば、同様の配光ができる照明器具もあります。仕上げの一体感を重要視するのであれば建築化照明に勝るものはないと思います。**ライトウインドウ**は窓のない地下の廊下やエレベーターホールなどで、外光が入っているような感じを創りたいときなどに使われるもので、光天井の壁仕様みたいなものです。

　建築化照明では、照明器具は建築的に隠します。蛍光管使用時は電球交換のためのスペース等を考慮していましたが、LED 灯を採用する場合は寿命が長いため器具交換(建築工事共)とする考え方も増えてきました。器具を隠すための仕上げも最小限でできるようになりました。

110

壁や天井など、建物と一体化させた照明

天井全面照明による建築化照明

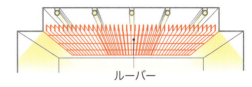

💡 **有機EL**
電界発光によって面発光するシート状の光源。

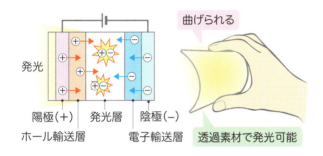

コーブ照明では、アゴの高さを上げすぎると天井面に光と影の境界（カットオフライン）が出るので要注意。概ね、ランプと同程度の高さが理想的。

壁面照明による建築化照明

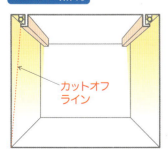

コーブ照明と同様にカットオフラインに注意する。

カーテンボックスと兼用することもできる。

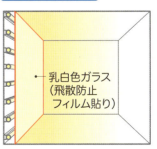

人が触れるところに位置するので、耐久性と強度を考慮し、ガラスを使用する。

第5章 電灯設備

111

8 照度計算

計算の方法にも種類がある　逐点法・光束法

光束法は一般的に使用されている計算方式ですが、**逐点法**は聞き慣れないと思います。非常照明の配置をするときに配光の円を書いて確認申請図書を作成します。照明器具のカタログに使用する器具の表があり、天井の高さごとに２lxの円（LED）の半径が書いてあります。この数値を使って作図していますが、この数値が逐点法を使って計算された値なのです。実務で計算方式を使って実際に計算することが少ないため、計算式についての詳細は触れないようにします。

光束法で必要な条件　作業面面積・作業面高さ・照明率・保守率・室指数

光束法による照度計算において、まず照度基準を目安とした照明器具の台数（ランプの本数）を計算します（1図）。部屋の形状等により、算出された台数を参考に配置します（2図）。そして、決定した台数で照度を計算し、基準値と比べます（3図）。

作業面面積は照明器具を配置する部屋の面積で、通常、作業のやりやすさから壁芯で幅と奥行の寸法を取ります。更衣室等でロッカーの置く場所が決まっていて、将来的にも変更する可能性がない場合などは部屋の面積を減らすこともあります。

作業面高さは**室指数**を算出するのに使います。同じ面積の部屋でも、正方形の部屋と廊下のような長い部屋とでは光の広がり（反射）の仕方が違うからです。作業面高さとは作業面と光源（照明器具）との距離を表していますので、パイプ吊りの器具を採用した場でも同じように考えます。一般的な数値としては、和室で40cm、事務机で80cm、吊り下げ器具は1mや1.5m等です。

照明率は**室指数**と**反射率**から器具ごとの表で求めます。反射率は内装材の仕上げによって決めるもので、天井面が白であれば70％、和室のような木目調であれば50％と考えます。壁は白であれば50％、淡色壁紙であれば30％、床は10％と見ます。70－50－10および50－30－10の組合わせが一般的なため、事務室のように白系の仕上げの部屋と応接室等重厚な仕上げの部屋とで分けていることが多いようです。

保守率はランプの交換や反射板の清掃がこまめに行われる環境にあるかで考えます。「良い・普通・悪い」で区別し、保守契約を行う建物等は「良い」、その他の事務所ビルなどは「普通」で計算します。「悪い」を選択するのは保守が行いにくい特殊な環境や場所のときです。

187ページで照度計算の手順を具体的に説明していますので、参考にしてください。

光束法による照度計算の概要

照度基準を基にした計算の手順

空間の条件

以下のような空間において、作業面高さ80cmの平均照度やランプ数について考えてみよう。ただし、保守率は普通とし、反射率は天井70%、壁50%、床10%とする。

使用ランプ
LSS1-4-37
3,700 lm (ルーメン)　天井直付型

照明率表

反射率(%) 室指数	天井	70		
	壁	70	50	30
	床		10	
1.00		0.67	0.57	0.49
1.25		0.73	0.63	0.56
1.50		0.77	0.68	0.61
2.00		0.83	0.78	0.69
2.50		0.86	0.83	0.75
3.00		0.88	0.84	0.78
4.00		0.92	0.87	0.84

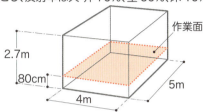

保守率
良い	0.83
普通	0.81
悪い	0.77

たとえば、この空間が事務所ビルの宿直室とすると、その照度基準は300 lx、照度範囲は500〜200lxとなる（105ページ参照）。まず、照度基準（推奨照度）300lxでランプ数を考えてみよう。

1図　照明率表はメーカーカタログ等を参照し、室指数については次式より算出する。

$$K = \frac{X \cdot Y}{H(X+Y)}$$

$$K = \frac{4m \times 5m}{1.9m(4m+5m)} \fallingdotseq 1.17$$

2.7m − 0.8m

K：室指数　X：開口 (m)　Y：奥行き (m)　H：作業面からランプまでの高さ (m)

1.12以上1.38未満なので、室指数表より
∴ 室指数 1.25 → 照明率 0.65

室指数 1.25 反射率 天井70、壁50、床10%を照明率表から読み取ると…

ランプ数は次の式から計算できる。

$$N = \frac{E \cdot A}{F \cdot U \cdot M}$$

N：ランプ数　E：平均照度 (lx)
A：床面積　F：ランプ光束 (lm)
U：照明率　M：保守率

照度基準を代入

$$N = \frac{300lx \times 4m \times 5m}{3,700lm \times 0.63 \times 0.81} \fallingdotseq 3.17 台$$

室指数

記号	A	B	C	D	E	F	G	H	I	J
室指数	5.0	4.0	3.0	2.5	2.0	1.5	1.25	1.0	0.8	0.6
範囲	4.5以上	4.5未満〜3.5以上	3.5〜2.75	2.75〜2.25	2.25〜1.75	1.75〜1.38	1.38〜1.12	1.12〜0.9	0.9〜0.7	0.7未満

表はすべて『建築設備設計基準』令和3年版　国土交通省大臣官房官庁営繕部設備・環境課監修（公共建築協会）より

2図　ランプ台数が3.17なので、3台で配置してみることにする。

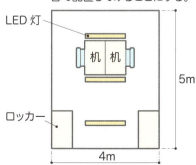

3図　2図の場合、作業面での平均照度が実際どのくらいになるのか求めてみよう。

平均照度E (lx)の計算は次の式から求められる。

$$E = \frac{F \cdot N \cdot U \cdot M}{A}$$

$$\frac{3,700lm \times 3台 \times 0.63 \times 0.81}{4m \times 5m} \fallingdotseq 283lx$$

283lxという値は照度基準の300lxより少ない値だが、照度範囲の500〜200lxに納まる数値で、ロッカーがあることを考慮すると十分な照度と判断できる。ただし、基準値以上の明るさが必要とされる場合には、4台（377lx）または器具の光束を上げ、LSSI-4-48（4,800lm）×3台（367lx）とする。

9 照明と省エネ

照明でできる省エネとは　ランプの選択やセンサーの使用

　消費電力（W）1W当たり、どれだけ光（光速・lm）を出せるかを**ランプ効率**（lm/W）で表します。値の高い器具は、同じ明るさを得るために小さい電力ですむことを意味していますので、省エネになります。蛍光灯の中でも**Hf**（高周波点滅専用型）ランプでは98.2lm/W、従来の蛍光灯（ラピットスタート型）で82.1 lm/W、旧式の磁器安定器の場合59.3lm/Wでしたから、高効率型（Hfランプ）が一般的に採用されているのも納得できると思います。参考値として他のランプの効率を記載しておきますが、同じランプでもW数によって異なりますので目安としてください。白熱電球22 lm/W、高圧水銀ランプ60 lm/W、メタルハライドランプ88 lm/W、高圧ナトリウムランプ160 lm/W、LEDランプは進歩著しく一般的な器具でも140lm/W以上で、現時点でもさらに高効率の製品が開発されていると思います。

　初期照度補正による省エネがあります。古い蛍光灯を新しくしたときにものすごく明るく感じた経験はないでしょうか。ランプの特性として、時間とともに機能が低下しますが、寿命の時間まで出力を維持させなければならないため、新品時は定格の出力よりも大きくなっています。初期照度補正により、必要以上に明るくなるのを避け、自動的に出力を減らすことで消費電力を抑えることができます。初期照度補正に加え、**明るさセンサーによる自動調光**を行っている事例も多くあります。窓から自然光がたくさん入る場所では照明は少しでも作業面の明るさは確保できるからです。

　人感センサーによる点滅制御による省エネもあります。使用していない部屋の明かりを消すのが一番の省エネです。しかし、公共のトイレの照明を点けたり消したりを徹底させるのはなかなかできないと思います。センサーによって自動で入り切りできるので、利用者に不自由をかけることなく省エネできると採用が増えています。

　調光も省エネになります。用途によって部屋の明るさを変えられるのであれば、調光器の採用も十分省エネになります。多目的室で細かな作業をする場合500から750 lx はほしいところですが、仲間うちの会議や打合わせで使うのであれば300lx程度でも問題ないと思います。当然、出力を下げたほうが消費電力は小さくなり省エネになります。階段室などでは人感センサーと調光を組み合わせ最低でも25％程度の明るさで点灯させておき、人が通るときには100％点灯することなども行っています。

身近なところから始められる省エネ

省エネのために考えていきたいこと

家庭における消費電力量の内訳

照明器具は意外に電力を消費している。身近なところから省エネに取り組んでいきたい。

（令和3年度家庭部門のCO₂排出実態統計調査事業委託業務
（令和3年度調査分の実施等）報告書
世帯当たり年間電力消費量の機器別構成(2019年度)より）

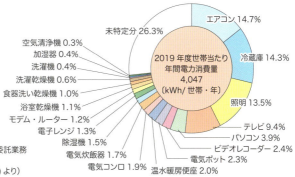

効率のよいランプに交換する

白熱電球とLED電球を比較してみると、ランプ交換で省エネ効果が得られることがわかる。

60W相当	消費電力(W)	光束(lm)	ランプ効率(lm/W)
白熱電球	54	810	15
LED電球	8.2	810	98.7

約6.5倍のランプ効率

※ 白熱電球は平均的な60W相当の数値、LED電球はパナソニック製(LDA8LCW)との数値比較による。

 白熱電球をLEDランプに交換。

 従来の蛍光灯をLEDランプに交換。

 屋外施設などの水銀ランプをLEDランプの器具に交換。

明るさセンサーによる自動調光

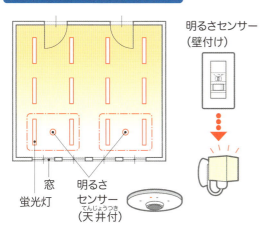

明るさを感知して、自然光が入るエリアの調光を行う。
明るさセンサーには壁付けタイプもある。

調光器による手動調光

ダイヤル式　スライド式
調光つまみ
電源スイッチ

人感センサーによる点滅制御

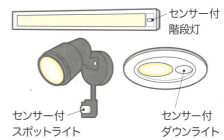

センサー付階段灯
センサー付スポットライト
センサー付ダウンライト

第5章　電灯設備

10 電灯分電盤（電灯回路用の分電盤）

回路を分けて制御、管理する　電圧、非常、用途、保安、制御

　電灯分電盤の主たる役割は、回路を分けて管理しやすくすることです。電圧による区分では照明や空調機器用等に使う200V（ボルト）回路、コンセント等の100V回路に分けます。自家発電機を備えた建物の場合、発電機から供給できる回路も区分けし、一般商用回路をAC、発電機回路をAC-GCと主幹開閉器を2つ設置します（幹線も2系統必要です）。用途による区分では一般照明、機器（直接配線を接続する物）、コンセントが主なものです。消防法で必要とされる誘導灯は分岐回路の接続位置が指導されたり、簡単に回路を遮断できないように赤いキャップを取り付けたりします。

　1回路20A（アンペア）の開閉器で分けているのが一般的で、定格の80％以下で計画するため、照明であれば200V回路：3,200VA（VとAを掛けた機器の入力時にかかるもの）、100V回路：1,600VA以下で回路構成をします。100V用ファン等の機器では始動時に大きい電流が流れるので1,000VA、一般（雑用）コンセントでは100VA/1個として5個程度（最大10個）と安全側で考えます（『内線規程』の勧告では8個以下になっています）。水周りに設置するコンセントの回路や、屋外の照明用の回路などには漏電による遮断機能を持った開閉器（ELCB）を設置しています。家庭用の分電盤では個々の回路ごとではなく、主幹の開閉器に漏電遮断器（ELCB）を設けていますが、業務用では漏電した場所の特定を発見しやすくするために分散させています。

　電灯分電盤で行われている制御として、1つめは屋外照明の点滅等を自動点滅（運行）させるためのタイマー制御があります。単純な24時間のON-OFFを行うものや、平日、休日別にプログラムできるものまで多数あります。照明の自動点滅にはタイマーと明るさセンサーを併用することが多いようです。2つめは電源管理です。非常時に運転を停止させたい換気扇等の機器を回路単位で一括操作できます。

家庭用は1面、一般的な建物では　分電盤の設置

　電灯分電盤は各階ごとに設けます。1つの分電盤の受け持ち面積としては800m² 程度以下で考えます。電灯分電盤から各負荷までの配線が短いほどコストや電圧降下の点から理想的です。800m² 横長の建物で中央に分電盤を設置できない場合、片端1つでもよいでしょうが、両端に分電盤を設ける考えも必要です。負荷の回路数による配線の敷設状況も十分に検討してほしいと思います。800m² を超えても中央に設置できれば1面で検討できることもあります。回路数や主幹の容量が増えると、幹線、分電盤本体と必要以上にコストが増大することがあります。条件は1つの目安で考えて、柔軟に対応できるようにします。

電灯分電盤の回路の区分けと設置位置

電灯分電盤の回路の区分け

一般（AC）のみ

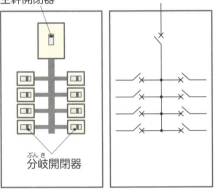

一般（AC）、発電（AC-GC）2系統

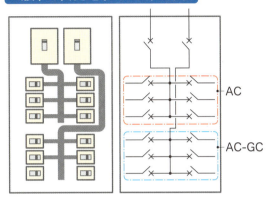

誘導灯の分岐回路

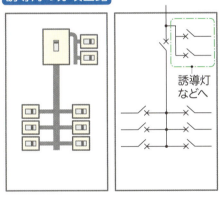

非常時にMC（電磁接触器）にて一般負荷を遮断することによるAC-GC切替えの応用例

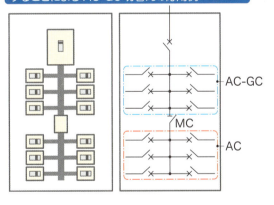

電灯分電盤の設置位置

電灯分電盤は、平面の形状や面積、負荷への配線の長さなどを考慮して柔軟に配置する。

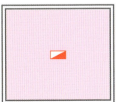
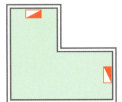
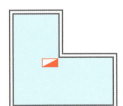

第5章 電灯設備

117

11 外灯設備

目的によって器具を選びます　外灯の種類

建物を建てる敷地（屋外）の中に設ける照明器具、配管配線を**外灯設備**としています。家庭用であれば庭園灯のような**環境照明**（雰囲気を楽しむもの）が主な目的となります。事務所ビルになると夜間の通行に必要な明るさが求められ、防犯目的を含めたストリートライト（道路灯）のような**機能照明**が求められます。敷地内に駐車場があれば駐車場用の電灯が必要になります。学校などでは校庭を照らすためにグランド照明を設置することもあります。機能照明に環境照明の要素を兼ねた手法も見受けられます。

癒しの空間には欠かせない演出です　環境照明

庭園灯以外の照明手法として、植栽のライトアップや、建物の壁面を一部強調して照らすスポットライト、敷地内の通路の足元を強調して照らすフットライト（階段に埋め込む例や、手すりやベンチなどに組み込むものもあります）、水中から照らすものもあります。最近ではLEDの照明器具も増え、色の演出も作りやすくなってきたようです。かなり特殊なものでは投射する光を細かく点滅させることで、滝のように落ちてくる水を真珠のような球体に見せ、止まって見えるようにしたり、上るように見せたりできるものもあります。商業ビルの周りを歩くときに、少し注意深く見ることで、色々な工夫や思いやりが発見できるかもしれません。照明計画をした人の考えを想像するのも面白いと思います。

明るさにも注意が必要　光害

外灯は敷地の中に設置するものなのですが、周りの建物に近くなることがあります。防犯のためと設置した外灯が隣家の寝室の窓の真正面だったらどうでしょうか。おそらく多くの人が不快感を持つと思います。スポットライトや駐車場用のライトのように明るさが求められる器具を設置するときは特に細心の注意が必要となります。ストリートライトの中には遮光板（しゃこうばん）をつけることで光の方向を制限できるものがあります。駐車場用のライトでは、光が敷地外に拡散しないような配光が作れる形状をしたものを選定します。

主な手法は地中配管配線　配線の方法

構内に電柱を建て、架空配線で敷設（ふせつ）する方法もありますが、普段は見えない地中配線の一般的な例をイラストにしました。埋設する管路が長くなると、途中にハンドホールを設置します。自転車置き場などは途中から露出（ろしゅつ）配管にする手法が多く使われます。

屋外（敷地内）の電灯設備

環境照明と機能照明

環境照明の例

遮光の例

拡散タイプ：近隣の人に迷惑をかける場合もある。

半間接照明タイプ：遮光板によって光が遮られる。

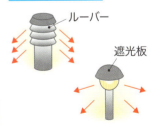

その他の遮光の例（ルーバー、遮光板）

地中配管・配線の例

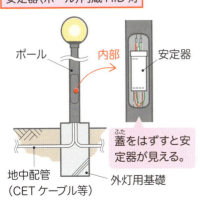

安定器（ポール）内蔵 HID 灯
ポール／内部／安定器
蓋をはずすと安定器が見える。
地中配管（CET ケーブル等）／外灯用基礎

LED 庭園灯
電源ボックス／キャブタイヤケーブル等
配管による保護が望ましいが、器具の径が小さく、ケーブルしか挿入できないものが多い。

自転車置き場の例
露出配管／プルボックス／地中配管

Column
照明計画はもっと自由にできる

　照明計画を進めるにあたり多くの情報が必要ですが、専門的な知識は調べればすみますし、基準等は本に書いてあります。大切なのは、建築（意匠）担当や施主（お客様）がどのような空間を作ろうとしているのか、どのような使い方をする空間なのかをどれだけ理解できるかに尽きると思います。内装材の色、仕上げの重厚感、出来上がったときのイメージを想像して照明（配光）したものを提案できれば理想的です。個人宅の寝室であればスタンドライトだけで計画するもの可能です。壁のスイッチと連動させた専用コンセントを家具の配置に合わせて配置し、半間接照明とする手法です。壁スイッチに取り外すとリモコンスイッチになる器具を採用すれば、就寝時の点滅はリモコンで行えます。

　万人受けしなくても、要望する人がいればそれに答えられる知識とアイディアは、必ず財産になっていくと思います。現実的には、作業の分散化と作業時のコスト縮減、コミュニケーションが取りにくいことや型どおりのことを行う安心感など、様々な理由から万人受けする計画が多くなります。建築が自由であるように、照明ももっと自由でいいと思っています。

　専門的なほうに向かいたいのであれば、照明デザイナー（照明コンサルタント、照明士）に興味を持つのもよいでしょう。建築の意匠担当者にも興味を持ってほしいと思います。的確に照明計画のイメージを指示できれば、電気設備担当者は間違いなく応えられるはずです。光が空間に与える影響は決して小さくはありません。光（照明）も空間デザインの一要素と考える人が多くなるともっと自由になっていくのだと思います。

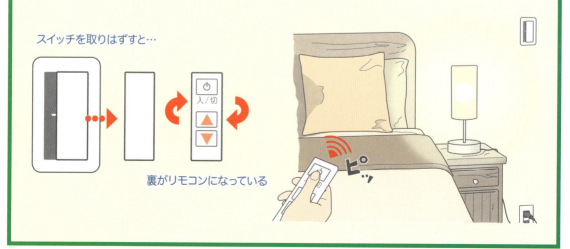

スイッチを取りはずすと…

裏がリモコンになっている

第 6 章

情報通信設備

情報通信設備は、無線化、高速化、スマート化を経て大きく変化してきました。IoTやクラウド技術、5Gなどの導入により、作業の業務効率が向上し、働き方の自由度が増しました。同時にセキュリティや運用の最適化が進むことで、安全で効率的な建物管理が可能となっています。

これからもデジタル技術の進展とともに、さらに高度な情報通信設備が求められるようになります。

1 一般加入電話

音声を送受信する設備です　設備概要

　NTTなどの電話会社（正式には電気通信事業者）に依頼して（加入して）音声を送受信するので**加入電話**と呼びます。

　また、回線を占有するような特殊なケースではないということから、一般という名称をつけて**一般加入電話**と呼ばれます。電話を使った分の料金を支払えばすみます。

機器と配線は建設工事完了後の工事が多い　工事区分

　電気設備工事で関わってくるのは引込み地点からの配管ルートの構築で、躯体貫通部分などは重要なチェックポイントとなります。机の配置を決めないと電話機の位置が決まらず、配線工事もできませんので、結局、建設工事完了後の工事が多くなります。

建物内部の電話設備の構成　内線

　電話機1台ごとの電話線は、床下とか壁の電話端子を経由してすべて**電話交換機**の置いてあるところまで配線されます。1,000台の電話があれば1,000本の電話線が必要となって、全部電話交換機につながります。

　1本の電話線は2本の導線からできています。この電話線の束は保守管理しやすいように端子盤で整理され、机の配置変更による電話機の移動などに対応しやすくなっています。端子盤の設置は電気工事で行います。

建物外部の電話線の話　局線

　建物側の電話交換機から電話局（地域をまとめている拠点）へ至る電話線は、管理しているのが電話局なので**局線**と呼びます。電話局にも大きな交換機があり、その電話局管轄内の相互接続や電話局同士の中継を行っています。

　国際電話も諸外国の窓口を行っている専用の電話局があって、その交換機から海底ケーブルや衛星を経由して外国まで音声が届けられます。

電話線にも種類がある　電話回線の種類

　アナログ回線：デジタルの発展にともなって段階的に廃止されます。ただし、通信インフラの刷新が難しい地域や、セキュリティ面でアナログ回線を必要とする特殊な用途では残る可能性があります。

　ADSL回線、ISDN回線：光回線の普及でサービス終了です。

　光回線：光ケーブルを利用した高速大容量のデジタル通信用回線です。

電気通信事業者との契約による加入電話

電話設備の構成

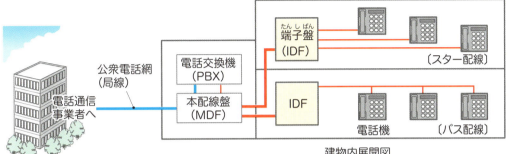

建物内展開図

MDF(Main Distributing Frame)

電話通信事業者から引き込まれた大量の電話線をまとめた集線盤。

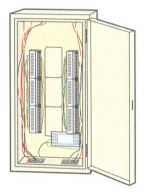

IDF(Intermediate Distributing Frame)

各フロアに設置し、MDFとフロア内の電話機を中継する盤。

筐体の設置は一般的に電気工事だが、内部の配線、モジュール、結線の工事は電気通信の工事担当者の資格が必要。

電話回線の技術

光回線のしくみ

光ケーブルを利用した光回線により、高速インターネット接続を可能にした技術。

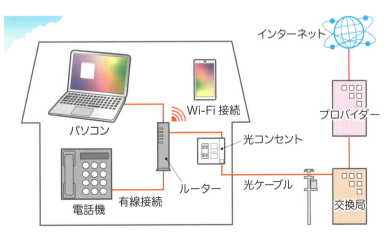

第6章　情報通信設備

123

2 電話交換機

電話線の有効利用　交換機の役割

多くの人が相互通信を希望すると1対1の通信システムを図1のように膨大に設ける必要があります。これでは電話線がいくらあっても足りません。この問題を解決したのが**交換機**による電話線のつなぎ換えという考えです。

接続先を交換する　交換機の基本原理

名前の通り接続先を交換する装置で、たとえばAさんからBさんへの接続要求（電話番号）が来ると、交換機はBさんにつながっている電話線を探して、Aさんの電話線とBさんの電話線を接続します。次にAさんがCさんへの接続要求（電話番号）をすると、Cさんへの電話線を探してAさんとCさんの電話線を接続します。つまり、電話線の接続先を交換しています。こうすることで各電話機は交換機とつながってさえいればすべての人と相互通話ができます（図2）。

電話をダイアルしてから通話が終わるまで　交換機の基本機能

❶ **通話要求検出**：発信者が受話器を上げると交換機は発信者を識別します。
❷ **要求内容の分析**：発信者に相手番号を要求し、相手に接続する回線を選択します。
❸ **伝送路のつなぎ換え**：相手が応答すると双方をつなげて通話が可能になります。
❹ **伝送路の開放**：通話終了を検出して通話路を切断させます。

手動からデジタルへ　交換機の発展

❶ **手動式交換機**：制御は人の手、情報はアナログ信号
❷ **クロスバー交換機**：制御は機械式、情報はアナログ信号
❸ **電子交換機**：制御は電子式、情報はアナログ信号
❹ **デジタル交換機**：制御は電子式、情報もデジタル信号

より高機能・高品質へ　クラウドPBXの導入

クラウドPBXは、クラウド上で運用されるソフトウェアベースの交換機です。離れた拠点で働く社員同士で内線通話が可能です。また、自然災害やサイバー攻撃などにも強みを発揮します。

さらに、より高度なセキュリティ対策として期待される**量子通信**に対応したPBXの開発が行われています。

希望する相手の電話線に接続する

電話交換機の原理

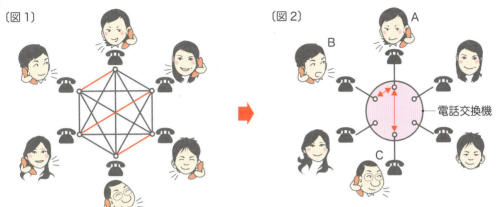

〔図1〕1対1の通信回線をすべて用意すると、膨大な数になる。

〔図2〕AさんがBさんとの通信を希望すれば、交換機はBさんの電話線に接続し、Cさんとの通信を希望すればCさんの電話線に接続する。

デジタル化の原理

複数の音声（アナログ信号）をデジタル化し、それぞれ時間で細かく分割して信号の隙間に他の信号を乗せ、多重化して送信する。多重化されたデジタル信号は、受信側で元の信号に戻される。

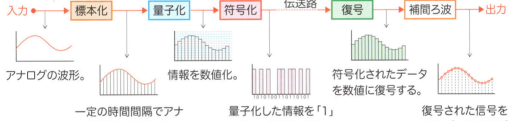

- アナログの波形。
- 一定の時間間隔でアナログ信号を分割する。
- 情報を数値化。
- 量子化した情報を「1」と「0」に符号化する。
- 符号化されたデータを数値に復号する。
- 復号された信号をつなぎ、アナログ信号にする。

交換機の発展

手動式交換機
交換手が卓上の差し込みを前面のジャックに差し込んで、通話路スイッチの役目を果たしていた。

デジタル交換機
音声をデジタル化して、コンピュータ制御により交換作業を行う。

3 IP 電話機設備

IP は Internet Protocol の頭文字　　基本機能

　IP 電話機はインターネットを利用した会話装置です。インターネットのデジタルデータなら何でも送受信できる機能を利用しています。連続した音声をパソコンで、ある長さごとに区切ってデジタル化して圧縮します。このデータを順次、インターネット経由で相手に送り、相手のパソコンがこれを受信して、連続した音声に戻します。相手の返答も同じことをするので、まるで電話のように違和感なく連続した会話になります。

電話料金が安い　　回線の利用方法

　一般加入電話機の場合、1つの回線を同時に複数の人が利用することはできないので、他人が回線を使用していれば空くのを順番待ちしなければなりません。会話中は相手が地球の裏側でもその電話線は1人に占有されています。つまり最大の利用者数は決まってしまいます。電話会社はこの人数×使用料金で運営することになります。

　ところがインターネットはデジタル信号で多重化しているので、1つの回線を複数の人で使用できます。利用者が倍になれば理屈上は使用料金が半分で足ります。荷物をタクシーで運ぶのとバスで運ぶのとの違いです。長距離になるほど、その効果は出ます。

電話交換機とサーバー　　音声送信ルート

　一般加入電話の場合は施設内電話交換機から電話局の交換機を経由して相手に音声が届きます。IP 電話の場合は施設内サーバーからインターネットへの接続を行っているプロバイダーのルーター経由で相手に音声が届きます。

IP 電話機の形状　　電話機の種類

　業務用は一般加入電話機とほぼ同じ形をしています。使い勝手もほとんど変わりません。外見的には電話機につながっているケーブルの種類が異なる程度です。

　個人利用では Zoom や Teams が有名で、パソコンやスマートフォンなどで通話できます。

停電時は通話できない　　デメリット

　IP 電話の場合、送受信にパソコンやサーバーを必要とするので、電源が止まってしまうと電話機は使えません。ただし、交換機に UPS（無停電電源装置）などと接続し停電時のバックアップがあれば、通信を維持できます。

インターネットを利用した IP 電話機設備

IP 電話機設備の概要

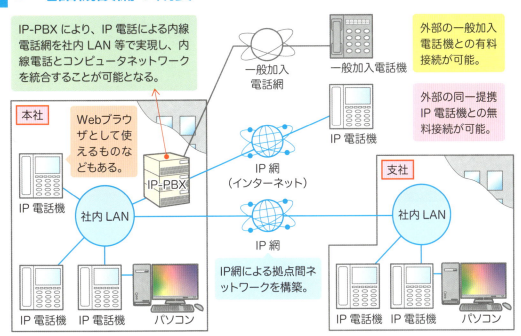

IP 電話の通話料金が安くなるしくみ

一般加入電話機と IP 電話機とを比較すると、IP 電話機の通話料金が安くなるしくみは、以下のようなイメージとなる。

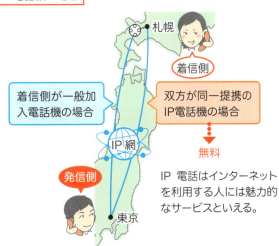

いくつかの電話局の交換機を経由するため、距離が離れるほど料金が高くなる。

IP 網（インターネット回線）のため、距離に関係なく同一提携間では無料になり、着信側が一般加入電話機の場合は最後の市内通話分の料金のみ発生する。

4 構内電話設備①

特定の目的に絞られた会話をするための設備　設備概要

　122ページで書いた一般加入電話、126ページのIP電話は、外部との会話を前提にしていますが、この項目で説明するのは構内（敷地内・建物内）専用の会話装置です。

　もちろん、ここで扱う会話装置も外部への接続が技術的に難しいわけではないので、中には外部接続機能を持つものもありますが、その需要が少ないだけです。

　構内電話には、❶ドアホン、❷ナースコール、❸インターホン、❹インターカムなどがあります。

室内で玄関口の訪問者と会話できる装置　ドアホン

　1戸建やマンションの玄関で見かける装置です。玄関扉を開けずに訪問者と話をすることができます。室内側を親機、玄関側を子機と呼び親子1対1の会話です。

■基本機能

　訪問者の到着を知らせるチャイム、訪問者の顔を映すテレビ画面（カラー）、訪問者と会話するマイクとスピーカーが基本です。装置はこれらが一体化されています。

　近年の親機は電話のように受話器を取り上げて会話をするのではなく、受話器を手に持たなくてもいいようなハンズフリータイプになっています。

■拡張機能

❶玄関が複数ある場合や、室内側の応答を便利にするために、親機を複数接続する場合もあります。マンションのエントランス入口にあるドアホンもその1つで、集合玄関機ともいいます。一般的にはエントランス入口ドアの解錠ができる❹の機能がついています。

❷親機側に緊急通報ボタンがあり、これを押すとドアホンでアラームが鳴って隣近所に異常を伝えたり、機械警備に信号を送り出したりもします。

❸最近は携帯電話につなげて、あたかも室内に人がいるように、外部からドアホン応答が可能なものもあります。

❹電気錠と組み合わさって、親機についている解錠ボタンを押すと玄関の鍵が開きます。施錠は一般的に扉が閉鎖したとき、自動で施錠になります。

❺AIを活用して訪問者を自動的に識別し、安全を確保することもできるようになるでしょう。

訪問者を知らせるさまざまなドアホン

1戸建住宅のドアホン

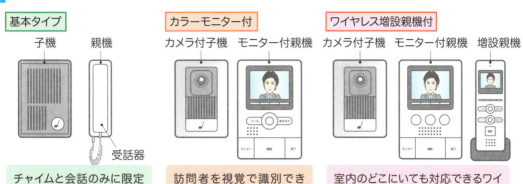

近年では、玄関扉の鍵をリモートで解錠できる機能や、録画機能、あるいはセンサーライト、火災警報器、コールボタンとの連動などにより、防犯性、利便性の高い多機能な製品が開発されている。

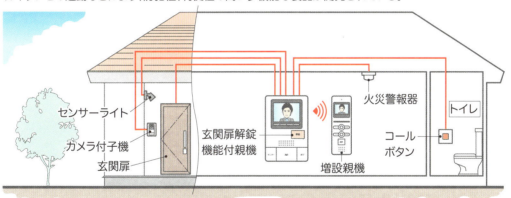

マンションのドアホン（集合玄関機）

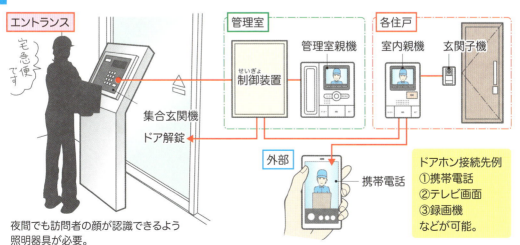

5 構内電話設備②

患者が看護師を呼び出すための電話　ナースコール

　病院の入院患者が緊急時に看護師を呼び出す設備です。

　患者の頭近辺に置かれている押しボタンを押すと、ナースステーションに置かれたモニター装置のランプが点灯しブザーが鳴動(めいどう)します。患者側はベッドの頭側にあるマイクとスピーカーを利用して寝たままでナースステーションの看護師と会話ができます。もちろんナースステーション側から患者を呼び出すこともできます。

　大規模の病院では、看護師が病院内どこにいても連絡が取れるようにと、子機として業務用PHSやスマートフォンを看護師全員に持たせることが多くなりました。

少人数の連絡用に　インターホン

　前項で書いたように構内専用の特定の会話装置で、交換機なしで相互に通話できる電話装置です。交換機を持たないので電話のような0から9のボタンはなく、相手先を直接選択するボタンを押すことで相手機のインターホンのベルを鳴らします。電話回線を利用しないので回線の状態に左右されません。また通信料金も発生しません。

　インターホンの通話方式による区分は以下の2つがあります。

❶**親子式インターホン**

　親機1台子機1台の組み合わせで、会社等の受付でよく見かけると思います。受話器を取るだけで相手を呼び出して会話することができる装置です。

❷**相互式インターホン**

　接続している機器全部が親機扱いになる装置です。相互にどのインターホンからでも他機を呼び出すことができます。

関係者同士のスムーズな会話のために　インターカム

　放送局や劇場などでイベントの進行を円滑(えんかつ)に行うための会話装置です。トランシーバーや無線機と呼ぶ人もいます。

　基本機能はハンズフリー・同時双方向で、形状はマイク付ヘッドセットの形をしています。イベントの準備・開催中は関係者全員がこの装置を装着しており、発言者（監督）の素早い意思の伝達を可能にし、即時性に優れたコミュニケーションをとることができます。

ナースコール・インターホン・インターカム

ナースコールのシステム例

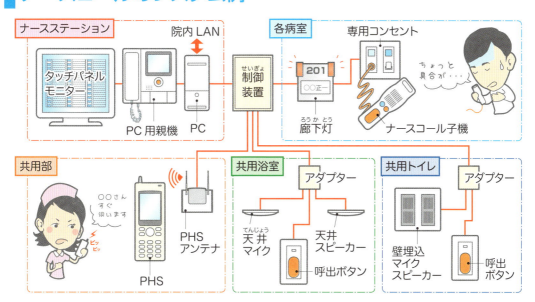

インターホンの通話方式

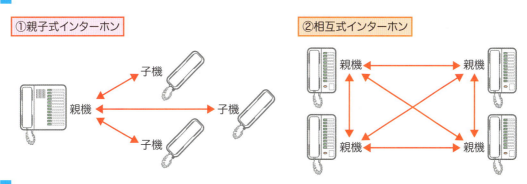

インターカム装置

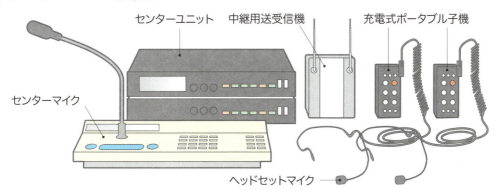

6 放送設備①

音声・音楽を広範囲に伝える設備　設備の目的

伝えたい音声や音楽のことをソース（source：音源）といいます。放送設備とは、この音源をタイムリーに必要な場所へ聞こえるように伝える設備のことです。

伝える内容によって、❶非常放送設備、❷緊急放送設備、❸一般業務放送設備、❹舞台・劇場等の音響設備、❺ AV 設備・会議室放送設備などがあります。

入力装置から出力装置まで　放送設備の機器構成

❶音源を生成させる装置として、**マイク**（ピンマイク・卓上マイク・コードレスマイクなど）や**ラジオ**、各種**音楽再生機**、**チャイム**、**パソコン**などがあります。

❷**入力装置**は準備された音源が接続されていて、入力レベルの調整やどの音源を採用するかの切替え機能があります。また外部音源用の入力端子も準備されています。

❸**増幅装置（アンプ）**は各所に配置されたスピーカーを鳴らすための電力を送り出す装置で、要求される音質に応じた高価なものから安価なものまであります。

❹**回路選択装置**は音源を伝える場所を選択します。たとえば地下のみとか共用部のみとかその施設の用途・使い勝手に応じて決められます。簡単なプッシュボタン式からコンピューター制御のものまで各種あります。

❺**スピーカー**は音の出る部分です。これも音質と発生させる音量に応じて高価なものから安価なものまで各種そろっています。目的に応じて使い分けます。

火災を知らせる　非常放送設備

非常放送は火災警報と避難命令の２種類を自動的に放送するもので、**自動火災報知設備**の受信機から指示が出ます。消防法の非常警報設備に該当し、したがって法的な基準を満足させる必要があります。パニックや２次災害を防止するため、放送するエリアも決められており、なんでも全館に流せばいいというわけには行きません。

火災警報は火災感知器が１個信号を発すると非常放送が作動します。誤報の可能性もあるので、まず女性の声で「注意してください」という放送を流します。

火災感知器がもう１つ信号を発すると（計２個）、誤報ではないと判断（火災断定）して、男性の声で「避難してください」と避難命令を流します。

地震に対する注意を促します　緊急放送設備

緊急放送は緊急地震速報を受けて、これも自動的・強制的に全館に「強い揺れが予想されます」等の注意喚起を流します。法的な規則はまだありません。

火災や地震を知らせる放送設備

非常放送設備

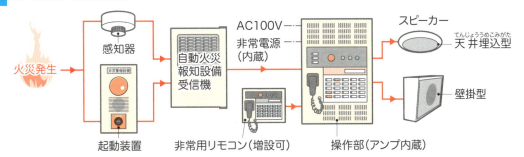

音声による段階的な避難誘導

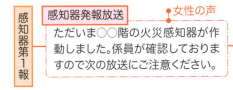

| 感知器第1報 | 感知器発報放送 | ただいま○○階の火災感知器が作動しました。係員が確認しておりますので次の放送にご注意ください。 |

・女性の声

火災の場合 ─ 男性の声 ● 火事です。火事です。○○階で火災が発生しました。落ち着いて避難してください。

火災でなかった場合 ─ 女性の声 ● さきほどの火災感知器の作動は、確認の結果、異常がありませんでした。ご安心ください。

スピーカー設置基準

非常放送設備のスピーカーは、10m基準か性能基準のいずれかの基準に従って設置しなければならない。

10m 基準

スピーカー種類	放送区域※1の面積
L 級※2	100m² 超
L・M 級※3	50m² 超 100m² 以下
L・M・S 級※4	50m² 以下

※1 2以上の階にまたがらず、床や壁、戸などで区画された部分
※2 L 級：音圧 92dB 以上
※3 M 級：音圧 87dB 以上 92dB 未満
※4 S 級：音圧 84dB 以上 87dB 未満

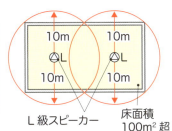

L 級スピーカー
床面積 100m² 超
スピーカーの中心から半径10mの円で、建物を包括するように設置する。

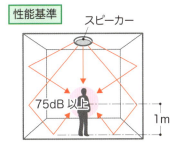

性能基準
75dB 以上
1m
床から1mの任意の位置において、75dB以上の音圧と明瞭性を確保すること。

地震速報と連動した緊急放送設備

緊急放送のルートは概ね以下のようになる。なお、操作部は非常放送設備と兼用できるものもある。

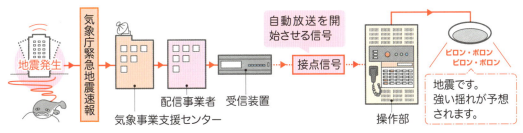

第6章 情報通信設備

7 放送設備②

建物内に案内を流す　一般業務放送設備

　一般業務放送のことです。目的は敷地または建物内部の特定の人に必要な情報を伝えることですが、簡単そうに見えて構成や設定が結構難しい設備です。建物用途や使い勝手から放送エリアを決め、将来の変更対応も考慮する必要があります。明確なルールがないので物件ごとの対応になります。法的な縛りはもちろんありません。

高度な聴覚効果が求められる　舞台・劇場等の音響設備

　一般的には音響設備として独立した項目で扱われますが、本書ではさわりの部分をここで扱います。一般の放送と異なる点は、聴覚効果による演出の具体化を求められている点にあります。演出の具体化には以下の３つの要素が必要です。

　❶音を編集する人、音の演出家という表現もあります、❷機材を操作する人、❸音の響きや音響機材を設計・施工・管理できる人。

　この中で❸の音の響きは建築の分野です。音響機材の選択は専門家に委ねられますが、これらの取付けや配管、配線は電気設備で扱います。そのため、音響に関する基本的なことは習得しておかないと、専門家の言葉を理解できなくなります。

電気設備から見た注意点　電気音響チェックポイント

　ノイズ防止：ちょっとした隙間からケーブルに電磁波が混入してしまうとノイズの原因となり致命的欠陥になります。万一ノイズが発生してしまったら、どこでノイズを拾っているのか、その場所を探し出すのは大変な作業になります。シールドと専用接地が重要です。また近くに高調波を発生させるインバーターを置かないことです。

　振動防止：スピーカーから大きな音を出すということは壁や天井も振動させているので、スピーカー周辺は特に堅硬に固定しないとその振動によって音が発生し、ノイズの原因となります。共振したら大きな音になります。

音声と映像で情報を提供する　AV設備・会議室放送設備

　高品質な放送と映像を組み合わせた設備を**AV**（Audio-Visual オーディオ ヴィジュアル）**設備**といい、独立して扱います。会議室に特化すると**会議室放送設備**と呼ばれます。発言者の声を電気的に増幅して流すことは一般放送設備と同じですが、高品質な音が要求されます。各種印刷された資料・パソコン画面・テレビ・DVDなど映像ソースがプロジェクターから投影されます。また遠隔地とのテレビ会議システム・同時通訳設備も関係してくるなど、幅広い音響機器の知識を必要とします。

一般業務放送とその他の放送設備

一般業務放送の概念図

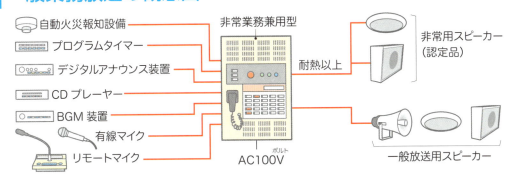

舞台・劇場等の音響設備に携わる人

音を編集する人
（プランナー・デザイナー）

音質、音量、音像など、総合的に指揮をとる。

機材を操作する人
（オペレーター）

状況に応じ、最も適切な音量等の調節をする。

音の響きや音響機材を設計施工・管理できる人（エンジニア）

音響設備の技術的な面をサポートする。

AV設備・会議室放送設備の概念図

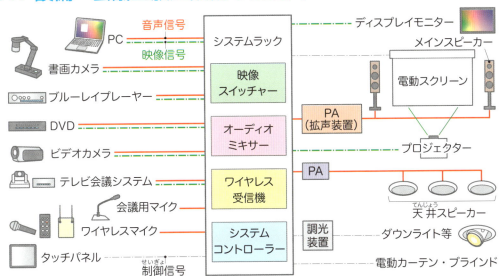

第6章 情報通信設備

8 テレビ共同視聴設備

テレビ信号を共同で受信する設備　設備目的

　マンション・集合住宅で、室内アンテナではテレビの写りが悪いという理由から、各自が勝手に屋上にテレビアンテナを立てケーブルを敷設したのでは、屋上にアンテナが乱立して他人の部屋の窓の前をケーブルが垂れ下ることになります。この状態は建物の維持管理に支障をきたします。また外観も悪くなります。**テレビ共同視聴設備**はこれを解消するための設備です。

外観を傷めずに受信する方法　受信方法

❶**共同アンテナ方式**：空中を飛んでいるテレビの電波を UHF アンテナ（地上デジタル）、衛星放送用のパラボラアンテナ（BS & CS）それぞれ1台で受信し、この信号を増幅してすべての住戸に配分します。

❷**ケーブル方式（CATV）**：テレビ信号を空中ではなく、ケーブルで送信しているケーブルテレビ会社と契約をして最寄りの通信ケーブル（同軸ケーブルや光ケーブル）から分岐して受信し、この信号を増幅してすべての住戸に配分します。

　テレビ信号を受信した後の増幅から各住戸への配信は、❶も❷も同じです。

❸**ネット方式**：高速・大容量の光ケーブルが家庭にまで広がったので、家庭での動画受信が可能となり、その一部としてテレビの視聴も可能になっています。

共同アンテナ方式とケーブル方式の特徴　コスト比較

❶共同アンテナ方式は自前設備なのでアンテナを立てる必要はありますが、その後のコストはほとんど発生しません。

❷ケーブル方式は共同アンテナ方式よりも多くのチャンネルを扱っているので、専門性のある番組や地域特有の番組を見ることができます。また、テレビ放送だけでなく電話やインターネットなども同時に利用できるというメリットがあるので、共同アンテナ方式と違って双方向通信が可能になります。しかしテレビ番組を見ている限りケーブルテレビ会社に利用料金を払う必要があります。

❸ネット方式では、情報配信会社に利用料金を払う必要がありますが、無料の配信もたくさんあります。

建物の影響を受ける近隣住戸　ビル陰電波障害対策設備

　テレビ共同視聴設備は敷地内部の話ですが、ビル陰電波障害対策設備は建物が電波を邪魔してテレビの写りが悪くなった近隣住戸への対応の設備です。テレビ共同視聴設備と同じように受信環境のよい場所に設置したアンテナでテレビ電波を受信し、近隣住戸に再配分します。

共同アンテナ・ケーブル方式によるテレビ視聴

共同アンテナ方式によるテレビ視聴

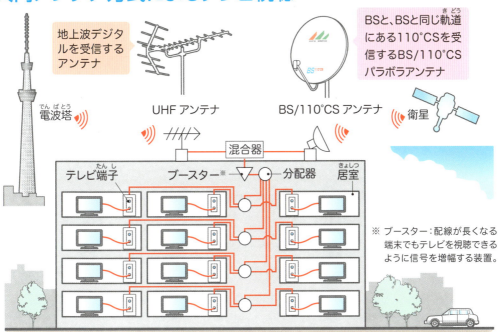

ケーブル方式によるテレビ視聴

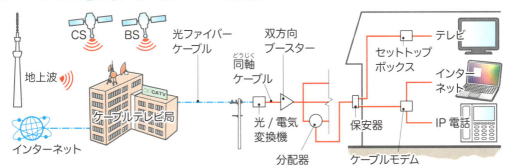

ビル陰電波障害対策

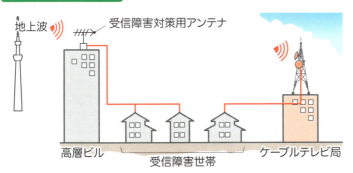

ビルにより電波がさえぎられる場合は、受信障害対策用のアンテナに切り替える、ケーブル方式に切り替えるなどの対策が必要。

9 時計設備

複数の時計の時刻を同じにかつ正確にする設備　設備概要

スポーツ競技で使われる計時計測機器（けいじけいそくきき）はまったく別物で、ここでは扱いません。施設内にあるたくさんの時計の時刻表示を同じにするために、**親時計**を置きます。この親時計からパルスが発信されて施設内にあるたくさんの時計（**子時計**）を動かします。

こうすることで、親時計につながったすべての子時計は、その大きさ設置場所にかかわらず、それぞれの時刻は正確に一致します。また、親時計は一般的に蓄電池（ちくでんち）を内蔵しているので、停電時にはその蓄電池を電源として一定期間子時計も動き続け、電力回復時に自動で子時計の時刻を修正してくれます。

親時計の役割　子時計の管理以外の機能

親時計には、チャイムを鳴らしたり、外部の機器を作動させるプログラムタイマー機能や、電波を受信して自動で時刻補正する機能、パソコンやネットワーク対応機器の時刻を合わせるタイムサーバー機能などもついています。

親時計の時刻管理方法　電波時計

一般の時計設備で使う親時計は水晶発振式（クォーツ時計）を利用していますが、やはり誤差を含むので、長波帯標準電波・FM電波・GPS電波・地上デジタル放送のどれかで定期的に時刻補正を行います。

長波帯標準電波は日本の標準時（JST）を管理している国立研究開発法人情報通信研究機構から発信されています。送信場所は福島県と佐賀県の2箇所です。他にも電話回線経由と専用線で構築されたネットワーク利用の方法もあります。

意外なクレーム　親時計の意味

学校の場合、各教室で試験を行います。このとき、教室間で試験終了のチャイムがずれたら、それも入学試験のときなど、大変なことになります。ところが全部の教室が等しくずれている分には、受験生全員が平等なのでまだ影響は少ないでしょう。これが親時計が必要な理由の1つです。鉄道・飛行機など日本全国にまたがる場合などは親時計として電波などを利用し正確な運行を行っています。

無線で親子間の制御を行う　無線式電波親子時計

近年見かける機器で、親子間の配線を省略して無線で親時計の時計信号を送るすぐれものです。配線スペースが取れないようなリニューアル工事などには適していますが、商用電源または乾電池が必要になります。

時刻補正で正確な時を刻む電波時計

親子時計の構成

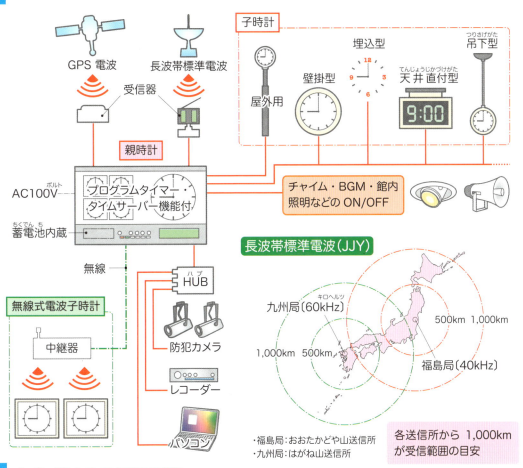

さまざまな時計設備

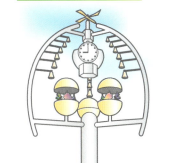

カリヨン（高知県安芸市）

からくり時計（高知県高知市）

花時計（福島駅東口）

時計は単に時間を知らせるだけでなく、音楽を奏でるカリヨン、からくり時計、花時計のように地域のモニュメントにもなる。

10 車路管制設備

車の入庫出庫を安全に行う設備　　設備概要

　入庫出庫とは車道から駐車場などの車庫への出入りのことで、駐車場内や前面道路の歩行者・車との合流部分に警報や車の接近の表示灯を設置して、車同士、または歩行者との事故を未然に防止する設備です。デパートや大型スーパーなどの駐車場から車が出てくると警報が鳴るのはこの設備のおかげです。近年は駐車場管理システムと一体となって、より一層の安全が確保されるようになりました。

車路管制設備の動作　　基本システム

　❶車の位置の検出、❷移動方向の検出、❸その先の直近の危険箇所の抽出、❹その場所での警報の鳴動、表示灯の点灯、❺危険箇所の車の通過を見計らって警報の停止、表示灯の消灯、これが一連の動作で、制御装置が自動的に処理します。

車の位置を感知する方法は2種類　　車両検出器の原理

❶車路の路面下に埋め込んだループコイル上を車が通過することで、磁界が変化して車を検出します。金属探知器と同じしくみです。

❷車路の路面上に設置された赤外線センサーの光を遮ることで車を感知できます。この車両検出器を2個並べれば反応した順番で車の移動方向も検出できるので、車路幅が十分でない場合は車両検出器を2個並べて入庫か出庫かを判断します。

　どちらの方式を採用するかは予算との兼ね合いもあります。❶のほうが出来栄えはすっきりするでしょう。しかし、改修工事などで車路管制を導入する場合は床面を掘り下げなくてすむ❷方式が多く採用されています。

　❷方式の欠点として、車両検出器が地上に出ているので悪戯される場合がありますから、管理シャッターの内側で使うとか、敷地外部なら目立たなくさせるとか、ひと工夫が必要です。

警報・表示灯の起動・停止方法　　警報動作

　起動させる警報・表示灯は制御装置が車の位置から判断して必要なところを起動してくれます。停止する場合は、単純なタイマーで設定時間を超えたら停止してしまうものと、高級なシステムですと車の通過後を検出して停止させるものとがあります。

　警報と表示灯の起動と停止を車の動きに合わせてうまくセットしないと、利用者や歩行者の信用がなくなって無視されてしまい、かえって事故を招きます。警報・表示灯の起動・停止のタイミング調整は重要です。

車や歩行者を安全に誘導する車路管制設備

車両誘導のおおまかな流れ

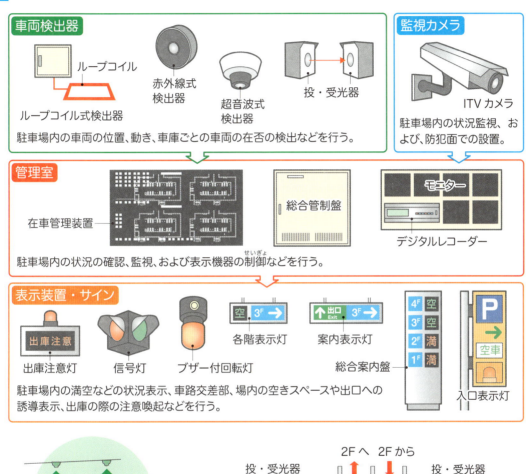

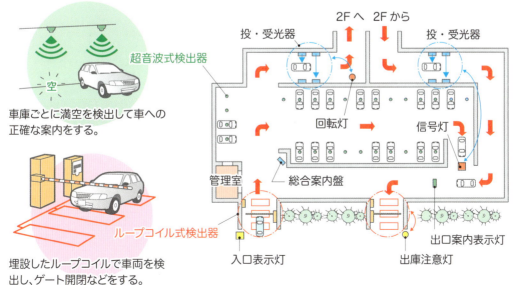

11 LAN (Local Area Network) 設備

コンピューターと各種機器を接続　LAN設備の機能

　LAN（Local Area Network）は、限られた範囲内にあるコンピューターやプリンター、通信機器、情報機器などをケーブルや無線電波などで接続し、相互にデータ通信できるネットワークのことです。一般的には家庭内やオフィス内など、室内あるいは建物内程度の広さで構築されます。

　LANには以下の2つの種類があります。

セキュリティが高く安定した速度が確保される　有線LAN

　有線LANはケーブルを使ったネットワークです。有線ケーブルには「CAT」規格があり、通信速度、伝送帯域が分類されています。数字が大きいほど通信速度が速くなります。

　ケーブルでつないだ機器同士で通信が行われるため、セキュリティが高い特徴があります。また、安定した高速通信を実現します。基本的に無線LANよりも高速で通信でき、データ通信量が大きくなる動画などもストレスフリーで見ることができます。有線LANは電波干渉されることもなく、大幅な速度低下が起こることもありません。

　有線LANのデメリットとしては、配線の整理が煩雑になりがちな点です。複数の端末にLANを接続する場合、ケーブルやスイッチングハブを用意する必要があり、管理や整理の手間が増えます。また、複数の部屋に有線LANケーブルを引く場合、長いケーブルを用意し、敷設する必要があります。

どこでもインターネット通信が可能　無線LAN

　無線LANのことをWi-Fi（Wireless Fidelityの略）ということもあります。無線LANはネットワークの形態を指し、Wi-Fiはその無線通信の規格の一つとなりますが、厳密に区分していない場合もあります。

　無線LANは、どこでもインターネット通信ができる技術です。電波が届く範囲であれば、場所を問わず通信できます。これが無線LANの大きなメリットです。ノートパソコンなどを使う際に便利です。

　ただし、有線LANと比較すると通信速度が低く、電波干渉を引き起こす可能性があります。また、敷地内で移動すると通信が途切れ、再接続が必要な場合があります。

　無線LANの通信エリアを広域にしたものを**モバイルWi-Fi**、俗にポケット型Wi-FiとかスピードWi-Fiと呼びます。家の中でも外でも持ち運んで自由にインターネットを利用できる通信端末のことです。

通信機器のネットワークを構築する

有線LANの構築イメージ

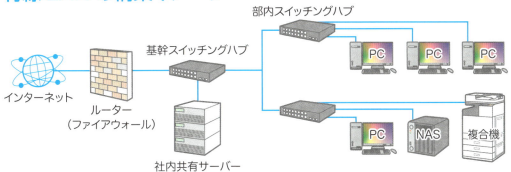

有線ケーブルはCATという規格があり、カテゴリー5〜8が現在、製造販売されている。カテゴリーの数字が大きいものほど高速通信が可能で、価格が高くなる。使用する機器や環境により、カテゴリーを選択する必要がある。

カテゴリー	最大通信速度	伝送帯域
5	100Mbps	100MHz
5e	1Gbps	100MHz
6	1Gbps	250MHz
6A	10Gbps	500MHz
7	10Gbps	600MHz
8	40Gbps	2000MHz

無線LANの構築イメージ

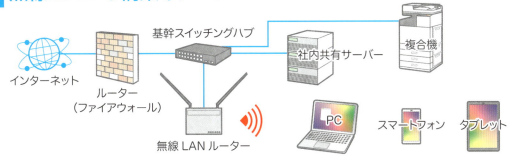

回線工事不要のモバイルWi-Fi

モバイルWi-Fiのメリット

・どこでもインターネットに接続できる。
・複数の端末に同時に接続できる。
・スマートフォンの通信費を節約できる。
・工事などが不要で即日利用可能。
・通信制限のないモバイルWi-Fiもある。

12 フリーアクセスフロアーと床下配線

フリーアクセスフロアーは OA フロアーともいいます　　床下の目的

　電算室のような大量の配線を必要とする室で、床上にその配線を通すと人の邪魔になります。そこで配線は床下スペースか天井内スペースで展開することになります。この床下スペースを作り出すのが**フリーアクセスフロアー**（略して**FAF**）で、床下を自由に配線でき、床上の機器や机などの配置が変更になっても床下の配線変更は簡単に行えます。近年の事務作業にパソコンとLANは不可欠なので、一般事務室でもFAFが普及しています。

インテリジェントビル化が FAF を発展させました　　床下の歴史

　そろばんと電話の時代は室内の配線が少ないので床下配線の必要性がありませんでした。電話が普及すると床下が必要になりスラブに電線管とBOXを埋設するようになります。卓上計算機が普及すると電源ケーブルと電話線を床下に収納するため**フロアーダクト**をスラブに埋設するようになります。コンピューターの発達で情報配線が追加され**溝型フロアー**や現在のFAFのようにスラブ上に配線スペースを確保するようになりました。

フロアーパネルと台座と支持脚　　FAF の形状

　床面をフロアーパネルと呼び、❶アルミダイキャスト製、❷コンクリート製、❸スチール製などがあります。サイズは600角や500角が主流です。この上に仕上げ材が貼られ、❶ビニールタイル、❷カーペット、❸高圧ラミネートなどがあります。台座は支持脚の頂部にありパネルを受けてパネルのずれ止めの役目をしています。

フロアーパネルに求められる機能　　FAF の性能

　床なので、❶機器類を載せられること、❷耐震性能があること、❸静電防止があること、❹防塵性があること、❺床下への配線ルートを確保していること、などがあげられます。

床下は何の障害物もない自由空間　　配線ルールは離隔距離

　フロアーパネルを支える支持脚以外は何の障害もないので機器間を迂回することなく直線的に配線できますが、弱電・通信系の線も通るので強・弱の離隔距離は守ってください。「直接接触しないように敷設する」です。また弱電線を電力線と平行に敷設すると誘導でノイズが乗りやすくなります。具体的には強電と弱電は直交させるようにケーブルの敷設エリアを事前に決めておきます。床下の有効高さは高いほうがよいですが、建物全体を高くすると大きなコストアップにつながるので十分な検討が必要です。

　防火区画・排煙区画をまたいでいるFAFは床下に区画が必要となります。区画処理の方法なども含めて事前に所轄消防署と打合わせを行ってください。

配線を床下でまとめるフリーアクセスフロアー

フリーアクセスフロアーの分類と概要

構法による分類

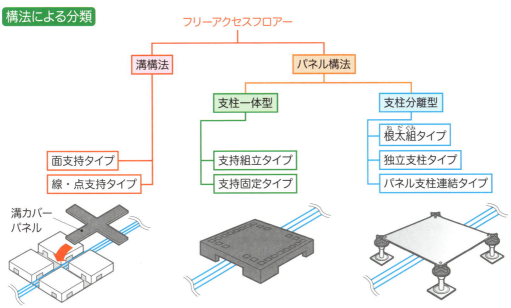

溝を形成する構成部材に配線し、溝カバーパネルで蓋をするタイプ。

支持部分とフロアーパネル部分が一体となった構成部材の下に配線するタイプ。

支持脚や根太組等でフロアーパネルを支持し、フロアパネル下の空間に配線するタイプ。

パネル支柱連結タイプのフリーアクセスフロアー

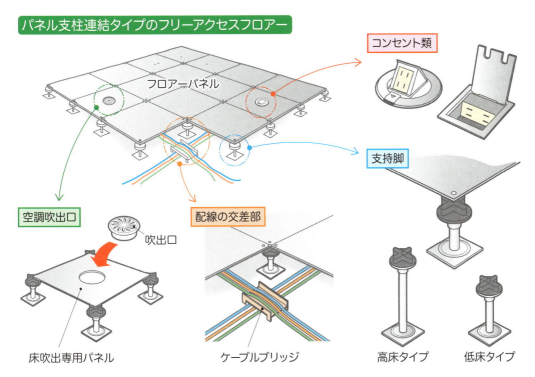

Column
電気事故は身近なところで起こり得ます

　毎年8月の1カ月間は「電気使用安全月間」として、経済産業省主唱で関係団体と協力してより一層の安全確認が行われます。

　これは、夏場に入ると高温多湿や暑さによる疲労、肌の露出などにより、感電や電気事故が発生しやすい条件が重なるためで、特に注意喚起する必要があるからです。

　あまり電気工事に接しない人のまわりにも電気はあります。たとえば家庭用電気器具には100V（エアコンなどは200Vのこともあります）が来ています。

　機器の漏電が建物に流れると住宅火災につながります。その漏電が人に伝わると感電します。電気製品が埃まみれになっていると内部にも埃が溜まっており、基板の配線やスイッチの接続箇所などで埃が水分を吸って絶縁不良を起こしショートを誘発して感電につながります。つまり、電気事故の要因は我々の身近なところにあるのです。

　電気設備業界でよく言われる言葉に「42Vは死にボルト」というものがあります。これは文字どおり「使用方法を誤れば、42V（低電圧）でも死んじゃうよ」と注意喚起をするものです。

　感電は火傷です。体の表面の火傷は外から治療することができます。体の深いところを電気が流れてしまったら体の深いところで火傷を起こしています。外からは見えません。また深くなるに従い痛みは少なくなるそうです。医者はどこをどうすればよいのか困ります。治療期間も長くなり、傷跡が残る可能性も高いのです。

　これから電気に携わる方、感電を甘く見ないでください。電気工事をするときは必ず電源OFF、無電圧を確認してから行ってください。活線工事を行って自慢するのは大昔のことです。

●感電による労働災害事例
活線作業により天井裏ダウンライトの安定器の取替えを行っていたときに感電し死亡。

第7章

防災・防犯設備

災害は起こさないことが基本ですが、起きてしまったとき、防災設備によって被害を極力押さえ込み、拡大させないようにすることが重要です。そして、効果的かつ迅速な復旧が求められます。

防犯は日々進化している顔認証システムでもわかるように、最新のテクノロジーが提供され、AIやビッグデータと結びつくことで予測が可能となりつつあります。そして、ビル管理システムはこれらの技術を有機的に結合することで、従来の人的手法からテクノロジー主導の効率的で環境にも配慮したシステムに変わっていくことでしょう。

1 消火設備

初期消火・延焼防止のために　消火設備の目的

　消火設備は、火災現場に水または消火剤を撒いて消火する設備で、局部的な燃焼状態の初期段階の消火を目的としています。空間全域が火炎に包まれたような状態では民間人による消火活動は危険なため、消防署による本格消火に依存します。

用途に応じた消火設備のしくみと使い方　各消火設備の機能

❶ すぐに火を消す道具としてよく見かけるあの赤い筒が**消火器**です。中に消火剤が入っており圧力で消火液が飛び出します。一般火災用、油火災用、電気火災用の３種類があります。

❷ 火災の近くまで専用ホースを伸ばして水をかけるのが**屋内消火栓設備**です。専用の水槽と消火ポンプと非常電源を持っています。廊下などにある赤いランプの下の押しボタンを押すと、消火ポンプが起動して水槽の水を送り始めます。消防隊が到着するまでの初期消火活動を目的としています。消火栓は基本２人での操作ですが、１人でも扱えるようホースが丸く輪になって取り出しやすくなっている改良型もあります。

❸ 炎の熱を感知して自動的に水を噴射するのが**スプリンクラー設備**です。専用の水槽と専用のポンプ、非常電源を持っています。天井にヒューズで閉じた蛇口が網目状に配置され、水圧のかかった配管につながっています。炎の熱でヒューズが溶け蛇口が開いて放水を始め、ほぼ同時にポンプが起動して、その部分を自動放水するしくみです。

❹ 油類の火災の消火を目的としたものが**泡消火設備**です。専用の水槽と専用のポンプ、非常電源、消火薬剤タンクを持っています。水やガスによる消火では効果が少ないか、または火災面積が広く消火が著しく困難である油類の火災の消火に有効で、水溶液を機械的に発泡させ、泡が火面を覆うことによる窒息効果と泡を構成する水による冷却効果により消火します。駐車場や機械式駐車設備、飛行機の格納庫などに適応されます。

❺ 電気室などの消火を目的にしたものが**ガス系消火設備**です。水・泡・粉末による汚損の懸念がある場合や、水がかかると２次被害が発生してしまう電気火災の消火に適します。感知器で熱を感知したらボンベのガス（最近は窒素ガス）などを放出して消火します。

❻ 厨房のフード内の消火を目的としたものが**厨房用消火装置**です。消火薬剤を入れたボンベからフードと接続しているダクト内へ配管が伸びており、ダクト内に設置したセンサーが働くと薬剤を噴き出すしくみです。同時にガスの遮断、厨房ファンの停止もします。

　その他にも**粉末消火設備**、**水噴霧消火設備**がありますが、名称を載せるに止めます。専門業社のホームページに消火設備の設置基準表がありますので、参考にしてください。

初期消火に有効な消火設備

中期火災以降は避難が最優先

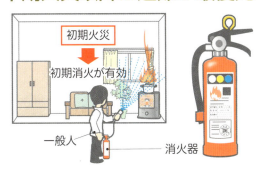

代表的な消火設備と消火装置

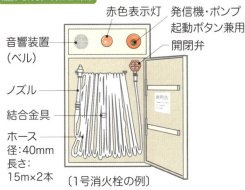
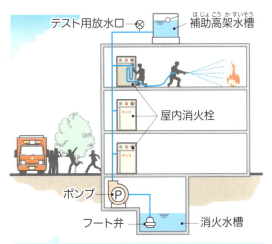

上図は屋内消火栓設備の構成例だが、消火水槽の水源を汲み上げ、各部屋に水を送るしくみは、スプリンクラー設備もほぼ同様である。

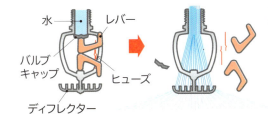

ヒューズ（ヒュージブルリンク）が溶けてレバーがはずれ、ディフレクターに当たって散水する。

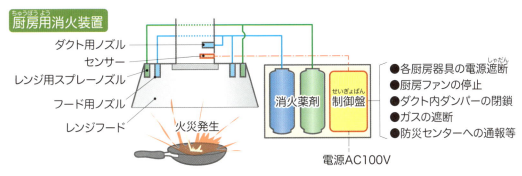

2 警報設備

火災やガス漏れ、漏電を検知し警報を発する　機能による分類

警報設備は発見する側と伝える側に分類されます。

発見する側……❶自動火災報知設備、❷ガス漏れ火災警報設備、❸漏電火災警報設備、❹住宅用火災警報器

伝える側………非常警報設備（❺非常放送、❻非常ベル）、❼消防機関へ通報する火災報知設備

用途に応じた警報設備のしくみと使い方　各警報設備の機能

❶ 天井に設置されている感知器が熱、煙を検出して火災を知らせるのが**自動火災報知設備**です。その信号が受信機に送られ、非常放送を起動させ建物内の人々に火災を知らせます。従来からあるP型と感知器にアドレスを持たせたR型があります。またガス漏れ火災警報設備の機能を併せ持つものをGP型、GR型といいます。その他、防火扉閉鎖、空調ダンパー閉鎖、排煙口開放などの連動機能も併せ持っています。

❷ ガス漏れを検知して知らせるのが**ガス漏れ火災警報設備**です。漏れたガスが溜まりそうな場所にガス漏れ検知器を設置し、その信号を受信機に表示するとともに警報を発して建物内の人々に知らせます。

❸ 電気の漏電を検知して知らせるのが**漏電火災警報設備**です。漏電は配線や機器の絶縁が弱まってくると発生します。その漏電が電熱器のようにモノを加熱させ火災に至るため、分電盤、配電盤に漏電警報器をセットして電気の状態を監視します。

❹ 住宅用の乾電池で動く感知器で、ブザー等で知らせるのが**住宅用火災警報器**です。壁または天井に取り付け、感知器1個で火災検出と警報発令の役目を果たします。配線工事も電源工事も不要です。無線または有線で隣の部屋の感知器を鳴動させる連動型もあります。

❺ 132ページで書いた**非常放送設備**のことです。停電しても10分以上放送できるバッテリーを内蔵しています。火災信号に連動してエリアごとに強制的に非常放送が入ります。別用途の放送・音響設備があれば強制的に電源をカットして非常放送を優先させます。

❻ 小規模の建物向けのベルで火災を伝えるのが**非常ベル設備**です。音声放送の代わりにベルが鳴るようになっています。

❼ 専用ボタンを押すと自動で消防署へ電話し、音声で住所等を伝えるのが**消防機関へ通報する火災報知設備**です。自動火災報知設備の受信機が火災を検出すると、初期消火に気を取られて消防署への連絡が遅れることがあります。この遅れを防止するための設備です。

150

火災・ガス漏れ・漏電を早期発見し、伝える設備

自動火災報知設備・ガス漏れ火災警報設備

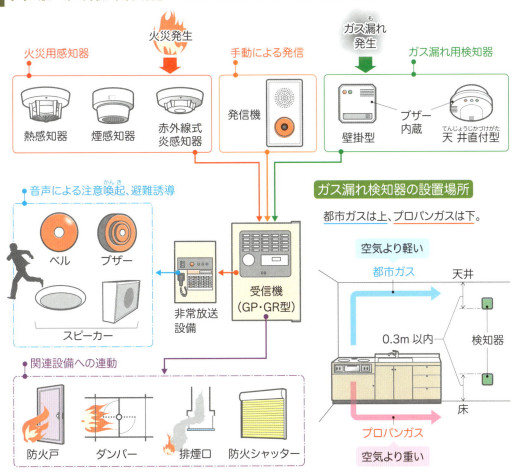

漏電火災警報設備

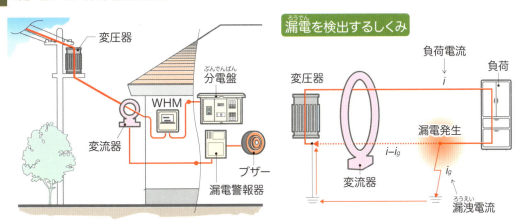

3 避難器具・誘導設備

非常時に外へ避難するための設備　避難器具・誘導設備の目的

　子供からお年寄り、身体的障害者、言葉が通じない外国人など例外なく、すべての人を安全に避難できるように誘導する設備です。一般に避難器具は建築で、誘導設備は電気設備で扱います。また排煙設備も避難設備に含まれますが、これは空調設備で扱います。

用途に応じた誘導設備のしくみと使い方　機能と設置場所

❶避難口や避難方向を明示するための緑色の標識が**蓄光式誘導標識**です。外光や照明器具の明かりでエネルギーを蓄え、暗くなるとそのエネルギーで光ります。時間が経てば光は弱くなるので、多くの場合、非常照明と一体で使われます。電源や配線工事を必要としないので便利ですが誘導灯に比べると設置箇所が多くなります。

❷常時点灯し、蓄電池を持つ照明器具が**誘導灯**（消防認定品）です。停電時20分以上点灯できます。誘導灯は目的に応じて3種類あり、大きさはA級、B級BH形、B級BL形、C級の4種類あります。設置場所については、所轄の消防署と事前協議が必要です。

　直接外部に通じる扉、避難に有効な階段に入る扉を明示するのが**避難口誘導灯**です。

　避難口へ導くため、矢印で避難方向を明示するのが**通路誘導灯**です。階段の場合は通路誘導灯（消防法）と非常照明（建築基準法）の2灯を必要としますが、両方の機能を併せ持つ**階段通路誘導灯**で両者を兼ねることができます。

　映画館の椅子の横についている小さな足元灯が**客席誘導灯**です。矢印はついていません。ここでは暗さが要求されるので、上映中は誘導灯を消し、自動火災報知設備の火災警報信号で自動点灯させる装置もあります。これを誘導灯信号装置と呼びます。

❸視力や聴力の弱い人が出入りする百貨店や広い地下街などで、直接地上に通じる出入口や直通階段の入口に設置されるのが**点滅機能付**または**音声誘導機能付**で、両方の機能を兼ね備えた誘導灯もあります。点滅や音声誘導の動作は火災報知設備の感知器の作動と連動します。避難口のその先の避難通路で火災が発生した場合は、点滅や音声誘導機能を停止します。音声誘導機能の場合は非常放送が優先するので、音圧調整または非常放送が起動したら音声誘導機能を停止させる機能が必要となります。

❹大型商業施設、高層ビル、地下街、地下駅舎（ホーム・階段・通路）は避難時間が長いので60分以上点灯する**長時間点灯型誘導灯**が必要です。なお設置当時は適法だった旧タイプを使用している場合は法改正により長時間点灯型に変更する必要があります。この対応には蓄光式誘導標識との組み合わせも可能です。

屋外への速やかな避難のための誘導灯・誘導標識

誘導灯と誘導標識

誘導灯は目的に応じて3種類ある

避難口誘導灯

直接外部へ通じる扉、避難に有効な階段に入る扉を示す。

通路誘導灯

避難口へ導く通路を矢印で示す。

客席誘導灯

0.2 lx 以上　客席通路

映画館や劇場の客席通路を0.2 lx 以上の照度で照らす。

誘導灯の大きさ（縦寸法）・明るさ・有効範囲

区分		縦寸法〔m〕	表示面の明るさ〔cd：カンデラ〕	有効範囲〔m〕
避難口誘導灯	A級	0.4 以上	50 以上	【60】（40）
	B級	0.2 以上 0.4 未満	10 以上	【30】（20）
	C級	0.1 以上 0.2 未満	1.5 以上	【15】（使用不可）
通路誘導灯	A級	0.4 以上	60 以上	20
	B級	0.2 以上 0.4 未満	13 以上	15
	C級	0.1 以上 0.2 未満	5 以上	10

※【　】内数値は避難方向を示す矢印のないもの、
　（　）内数値は避難方向を示す矢印のあるものを示す。
　　　　消防法施行規則第28条の3、消防予第245号（平成11年9月21日）

蓄光式誘導標識

蓄光式誘導標識は誘導灯の類いとは違い、誘導標識に分類される。

通常時

停電時

←発光する

誘導灯の消灯、点滅・音声誘導機能付誘導灯には誘導灯用信号装置が必要

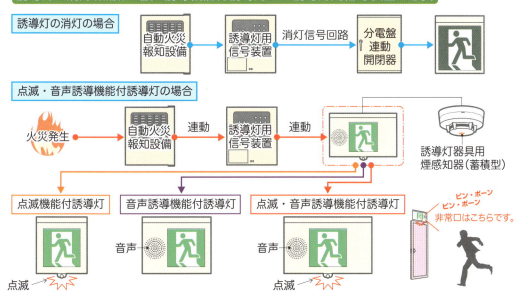

第7章　防災・防犯設備

4 消火活動上必要な施設

用途に応じた設備のしくみと使い方　支援設備の機能

　消火活動上必要な施設とは、消防隊の消火活動をスムーズに行えるようにする消防隊向け支援設備で、以下の6種類があります。

❶火災で発生した煙を外へ排出するのが**排煙設備**です（準拠する法規は建築基準法）。排煙の方法は部屋の状況に応じて3種類あります。

　機械排煙：感知器連動または手動で排煙ファンを起動させ、専用の排煙口と排煙ダクトを経由して強制的に煙を屋外に排出します。

　自然排煙：排煙専用の窓をボタン1つで全開させ、煙を自然に外部へ拡散させます。

　加圧排煙：強制的に外気を室内に入れて煙を外部へ押し出すしくみです。非常用エレベーターや階段の附室（ふしつ）などに適しています。

❷地下街や地下鉄のホームなど電波の不感知帯でも、消防隊や警察などが携帯無線で地上と連絡できるようにするのが**無線通信補助設備**です。延べ面積 1,000m^2 以上の地下街には必要になります。アンテナのような機能を持ったケーブルを不感知帯に敷設（ふせつ）して片方を防災センターの中で消防隊が持参する無線装置と接続して地下と無線通信を可能にします。ケーブルの距離が長い場合は途中に増幅器が必要になります。

❸消防隊が進入することなく、地下階の消火活動を行えるようにするのが**連結散水設備**です。水源と加圧装置は消防自動車搭載（とうさい）のものを使用し、地上にある送水口から送水して消火します。スプリンクラー設備で代替えされます。

❹消防隊がホースを延伸しなくてすむようにするための設備が**連結送水管**です。あらかじめ用意された専用の配管に消防自動車の水を送水し、必要な階で専用栓（せんようせん）（放水口）にホースをつないで消火活動ができます。

❺消防隊が使うドリル、カッター等の電動工具や照明に電源を供給するのが**非常コンセント**です。非常電源を持つ専用回路で、消火栓の横に並んでついています。

❻消防隊が階段を上がったのでは時間がかかるため利用する設備が**非常用エレベーター**です。地上からの高さが31m以上あるか、または地上11階以上の建築物についています。居住者の避難用ではありません。電源は非常電源からの給電、幹線は耐火ケーブルです。一般のエレベーターと違って乗場呼びが無効になる、カゴ内優先の消防隊専用運転を一次消防運転と呼びます。また、カゴまたは乗場の扉が閉まらなくてもともかくエレベーターを走行させる運転を二次消防運転と呼びます。

スムーズな消火活動を行うための設備

排煙設備（3種類の排煙方法）

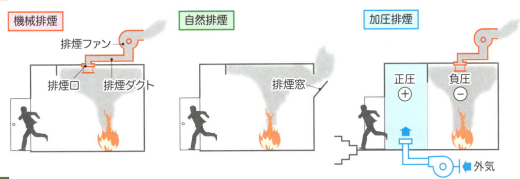

その他、消火活動に必要な設備

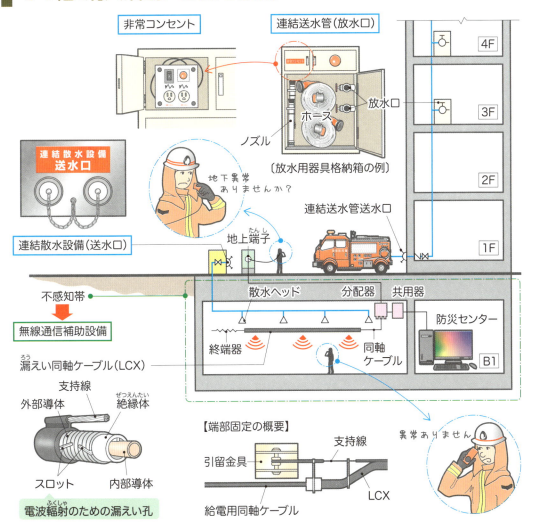

5 非常照明設備

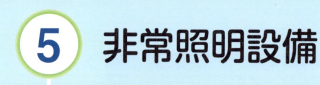

停電時に点灯し明るさを保つ　非常照明設備の目的

　停電時、避難通路の明るさを30分以上確保するため、非常電源につながった照明器具です。LEDおよび蛍光灯の場合は床面2 lx以上が必要です。ただし、避難に直接影響ない部屋の隅や柱の陰などは床面照度の規定から除外されます。直射光が原則です。建築化照明・間接照明では床面照度が反射面の状況に左右されてしまい、たとえ検査時照度が確保できたとしても、その後照度が維持できるかどうかわからないので非常照明として扱えません。非常照明設備は建築基準法の規制を受けます。誘導灯は避難する方向を示す照明器具なので、明るさ確保には利用できません。

非常電源の取り方により種類が分かれる　非常照明には3種類ある

❶ニッケルカドミウム蓄電池等を内蔵している**蓄電池内蔵型非常照明設備**。常時充電されており商用電源が停電したときは自動的に内蔵の蓄電池の電源で点灯します。いざというとき使えるように、日頃から定期的な検査を行って蓄電池の能力が落ちてきたら交換が必要になります。

　非常照明の回路は分電盤の主幹の二次側につなぎます。こうすることで一般照明回路が停電した際に非常照明器具を点灯させることができます。なお、誘導灯は主幹の一次側から取り、負荷側の事故などの影響を受けないようにしています。

　配線は耐火規制を受けません。一般のケーブルですみます。常時充電なので専用回路です。スイッチを設けたい場合は、電源線2本とスイッチ線1本の計3本を接続すると一般の照明器具としても使える器具を採用します。

❷蓄電池をまとめて別置きにした**蓄電池別置型非常照明設備**。大規模な建物になると非常照明の数も千台、二千台と結構な数になりますから、個々の蓄電池の交換を省略することができます。大規模な建物ほどコストメリットが出ます。

❸別置きの蓄電池の容量を抑えるため、最初の何分かを蓄電池からの電源供給として、残り時間を自家発電装置からという**蓄電池別置自家発電併用型非常照明設備**もよく採用されます。

　10秒以内で給電可能な自家発電装置なら蓄電池を省略することも可能で、非常電源を自家発電装置単独にした非常照明設備とすることができます。ただし所轄の建築指導課が認めていない場合もあるので事前の相談が必要です。❷、❸ともに別置きの非常電源と非常照明器具間は耐火ケーブルになります。

停電しても避難できるように明るさを保つ

3種類の非常照明設備

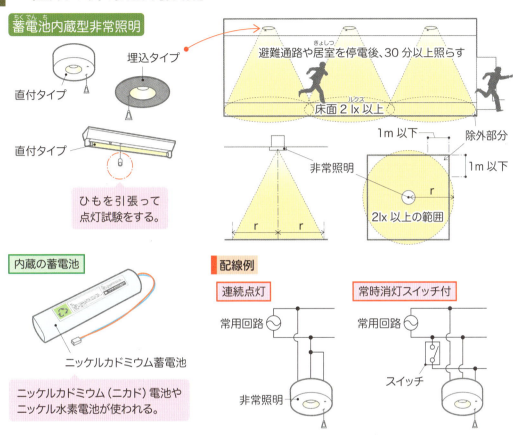

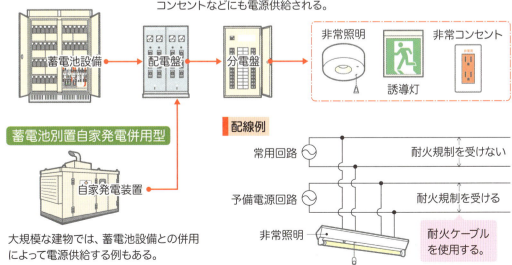

6 防犯設備

安全を確保し快適に生活するための設備　防犯設備の電気工事

　電気設備で扱う防犯設備には、電気錠（でんきじょう）、カードリーダー、トイレ呼出、防犯用テレビなどがあります。機械警備は施主との直接契約が多く、電気設備で扱うのは配線ルートの確保（躯体（くたい）・防火区画の貫通（かんつう））、制御機器の設置スペース確保、電源供給が一般的です。

目的による防犯機器の使い分け　防犯設備の種類

❶侵入者の抑止

　威嚇（いかく）・警報という面ではベル、ブザー、サイレン、スピーカー、回転灯、フラッシュライト、防犯用カメラなどがあります。これらは侵入者を威嚇するための装置ですから目立つところに取り付ける必要があります。赤外線センサー・人感センサーなどと組み合わせて自動的に作動させると効果が高まります。

　入退館を管理する装置としてIDカードや生体認証などを利用したキーシステムがあります。朝夕の通勤ラッシュ時間は前の人に接近して一緒に入れることもあるので、ガードマン立会による防止も行われます。

❷侵入の防止（建築工事の範疇（はんちゅう）です）

　鍵の性能を高めたものや二重にして解錠に時間をかからせるようにしたもので、ドア、ロック、テンキー錠、電気錠、カードキー錠、生体認証式などがあります。衝撃に強い防犯ガラス、防犯フィルム、サッシ補助錠なども該当（がいとう）します。

❸侵入の発見（機械警備の範疇です）

　人の動きを感知するパッシブセンサー（人感センサー）、窓や扉の開いたことを感知するマグネットセンサー、ガラスの割れる音を感知する非接触型ガラス破壊センサー、ガラスの割れる振動を感知する接触型ガラス破壊センサー、赤外線センサー、シャッターセンサーなどがあります。

❹加害者との遭遇（そうぐう）、緊急通報（電気工事が絡（から）みます）

　固定式：壁につける非常押しボタン、トイレ呼出ボタンなどがあります。

　移動式：首にぶら下げるペンダント式、腕時計式などがありますが、無線を使用するので無線の到達範囲内での使用となります。

業界等の指針に基づく　防犯設備の法規制

　法規制はありませんが、個人情報保護法などプライバシーへの配慮が求められることもあります。警備会社は警備業法（昭和47年施行）に基づき業務を行っています。

158

侵入防止の4原則に基づく計画的な設置を

セキュリティ機器の設置例

💡 侵入防止の4原則

①目
顔や特徴を見られる。

②音
警報音等の大きな音が発生する。

③光
明るく照らされ人目につく。

④時間
侵入に手間取り時間がかかる。

以上の4原則を考慮し、必要に応じて適所にセキュリティ機器を設置する。

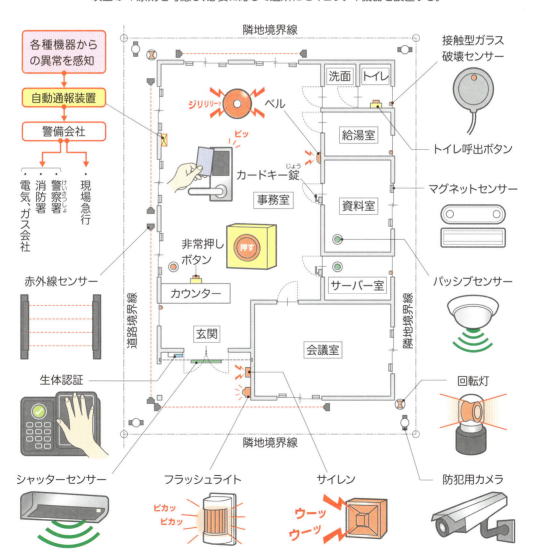

7 ビル管理システム

ビル運営と居住者の安全・快適さを管理する　ビル管理システムの種類

　ビル運営と安全に関わるさまざまなシステムが存在し、建物の規模・用途に応じて取捨選択されています。ここに代表的なものを紹介します。

❶カードキー、暗証番号、生体認証等を利用して本人確認を行うのが**本人認証システム**です。カード発行などの台帳作成や個人情報の更新などを行っています。

❷建物への出入り、部屋への出入りを❶と❸を利用して管理・記録を行うのが**入退館管理システム**です。不適切な人物の侵入や情報漏洩を防止します。

❸扉の施解錠を行うのが**電気錠制御システム**です。平常時は❶❷⓮と連動します。また火災・地震・停電やその他の災害時に⓮と連動した緊急対応も行います。

❹最終退館者が退出した後のセキュリティーを行うのが**機械警備システム**です。❷⓮と連動します。

❺空調・換気・その他機器を運転管理するのが**中央監視システム**です。❷❿⓭と連動して無駄のない最適な機器の運転を行います。

❻照明の点灯消灯を管理するのが**照明制御システム**です。❷❸❿⓮等と連動して無駄のない省エネルギーな照明を行います。

❼エレベーターの運行の管理を行うのが**エレベーター監視システム**です。❶❷⓬⓮と連動します。最終退出している階へは行かないなどの管理を行います。

❽電気代・水道代・部屋代の請求を管理するのが**課金管理システム**です。❷❺と連動して、残業の有無、空調運転時間の積算などから建物使用料金の計算を行います。

❾駐車場のスムーズな運営の管理を行うのが**駐車場管理システム**です。車両番号読取り装置や事前精算機、空室情報などが支援します。❷❸❹⓮が連動しています。

❿電力制御などエネルギー管理を行うのが**デマンド監視システム**です。❺❻❼などが連動してきます。契約電力を超えた場合の超過料金抑制も行います。

⓫従業員の勤務時間の管理を行うのが**出退勤管理システム**です。❷で本人の出退勤時間がわかるので、これを利用して残業時間を給与計算に反映させることが可能です。

⓬常時録画をすることでセキュリティー監視を行うのが **ITV監視システム**です。

⓭建物の維持管理から将来形までの管理を行うのが**ファシリティー監視システム**です。❺から機器の運転時間を割り出して保守管理計画や機器の更新計画を自動的に作成・修正します。

⓮自動火災報知設備の情報や各種警報を一元的に監視するのが**防災監視システム**です。

160

さまざまなシステムが連動するビル運営

ビル管理システムの連動イメージ

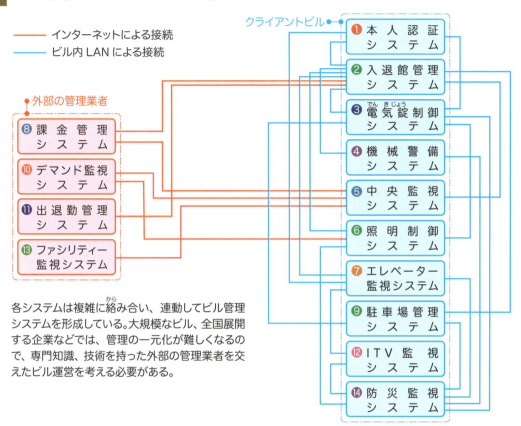

各システムは複雑に絡み合い、連動してビル管理システムを形成している。大規模なビル、全国展開する企業などでは、管理の一元化が難しくなるので、専門知識、技術を持った外部の管理業者を交えたビル運営を考える必要がある。

デマンド監視システム

さまざまなシステムがあるが、その中からデマンド監視システムの概要を紹介する。

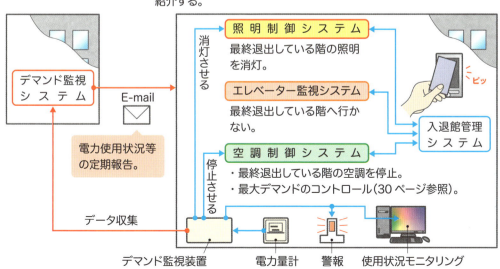

8 雷保護設備

落雷の被害を軽減させるための設備　雷保護設備の目的

　落雷とは、雷の放電を被（かぶ）ることです。落雷時の電圧は200万～10億V（ボルト）、電流は1千～50万A（アンペア）にも達します。この落雷を受けるとその熱で人は死傷、建物は破壊され火災が発生、強烈な電磁界（でんじかい）を受けて電気部品は焦げ付いて機器類は破損してしまいます。**雷保護設備**はこの危険な落雷を避けるのではなく、落雷を安全な通り道に積極的に誘導して、他に行かせないことで落雷による被害から人や建物・電気設備等を保護する設備です。
　避雷針（ひらいしん）は雷を「ここに来なさい」と引き寄せる部分です。準拠するのは建築基準法です。

機能・規格で分類する　雷保護設備の種類

　機能で分類：❶避雷針方式、❷棟上げ導体方式（むねあげどうたい）、❸ ❶と❷の併用方式があります。
　規格で分類：❶新JIS、❷旧JISの二通りありますが、どちらを選択しても建築確認申請は受理されます。

雷が通過する各部　雷保護設備の構造

❶落雷を受ける（引き寄せる）部分

　突針（とっしん）または**棟上げ導体**といいます。突針は先端を尖（とが）らせた棒状の導体で材質は銅またはアルミニウム（直径12mm以上）です。保護範囲は危険物取扱所で頂角45°の円錐形（えんすいけい）の中、一般建築物で頂角60°の円錐形の中です（旧JIS）。棟上げ導体は、パラペット（防水のために立ち上げた壁）やフェンスの上部に設置するもので、アルミと銅の2種類があります。保護範囲は水平直線距離10m以内（旧JIS）です。棟上げ導体より上部は保護対象に入りません。

❷受雷部分から大地に接する接地極までの部分

　引き下げ導線といいます。避雷針1基に対して2箇所以上の引き下げ導線が必要です。導線は一般的にIV線（接地用の緑色の線）を使用します。外部に面するところはアルミ線でも構いません。なお、建物構造が鉄骨造なら、雷を鉄骨に流すことで、引き下げ導線を省略することもできます。

❸接地極部分

　材質は銅で板状のものを地中埋設します。埋設場所がない場合は棒状のものなどが使われます。総合接地抵抗値は10Ω（オーム）以下です。

雷のその他の侵入経路　避雷器 SPD（Surge Protective Device）

　雷は架空を走る配電線や通信線にも落ちるので、そこからも電線を伝わって侵入してきます。これを防止するのが**避雷器 SPD**で、多くは電気の盤内に設置されます。

雷から建物・機器・人命を守る雷保護設備

雷保護設備の基本構成

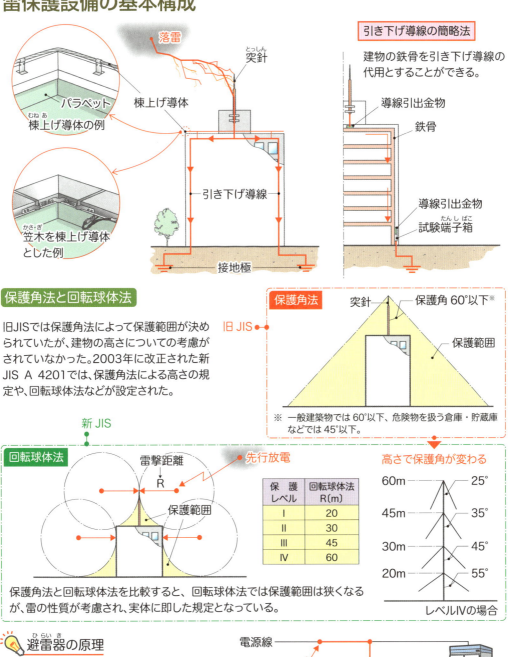

保護角法と回転球体法

旧JISでは保護角法によって保護範囲が決められていたが、建物の高さについての考慮がされていなかった。2003年に改正された新JIS A 4201では、保護角法による高さの規定や、回転球体法などが設定された。

保護レベル	回転球体法 R(m)
I	20
II	30
III	45
IV	60

保護角法と回転球体法を比較すると、回転球体法では保護範囲は狭くなるが、雷の性質が考慮され、実体に即した規定となっている。

避雷器の原理

避雷器(SPD)は雷の異常電圧(サージ)を大地へ逃がすことで、保護対象機器を保護する。

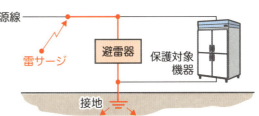

9 防災センター

総合操作盤で集中管理　　防災センターの機能

　防災センターは火災等の監視と消防設備等の制御を行う管理施設で、消防法により一定の規模の建物に設置することが定められています。同時に防災センターに従事する防災要員の人数も規定されます。自衛消防隊の本部の拠点ともなります。

　この部屋には自動火災報知設備等の各端末からの発報の受信、スプリンクラー設備や屋内消火栓設備等の消火設備の監視、消防用ポンプ・弁類の監視と遠隔操作、通信・非常放送設備など、これらを集中的に監視、操作を行うことのできる**総合操作盤**（防災盤などとも呼ばれる制御卓）が設置されます。

　同じような管理室で「中央管理室」または「中央監視室」という言葉がありますが、こちらは、建築基準法施行令にその定めがあり、非常用エレベーター、排煙設備、空気調和設備の制御と監視を行う室のことです。

防災センターという部屋を構築するための必要条件　　求められる構造

❶避難階または直上・直下階で外部から出入りが容易な位置にあること。
❷非常用エレベーターの昇降ロビー、特別避難階段その他の避難施設の付近であること。
❸消防隊の進入口から近く、容易に防災センターに至る通路があること。
❹主要構造物は耐火、内装は不燃、窓や出入り口は防火戸で出入口は自閉式であること。
❺水の浸入・浸透の被害を受けない構造であること。
❻防災活動に必要な広さが確保されていること。
❼防災センター内の機器には耐震措置が取られていること。
❽換気・空調は他の部屋の影響を受けないように防災センター単独系統になっていること。
❾トイレなど水場は設置されていないこと。天井内にも水配管がないこと。
❿各機器の電源は無停電電源装置を経由した非常電源から供給されていること。
⓫部屋の照明・コンセントなども非常電源から電源供給されていること。
⓬関係者以外が容易に侵入できないようなセキュリティがかかっていること。

　主要な項目を書きましたが、詳細は消防法で確認してください。

防災センター評価申請には時間がかかる　　工程管理が重要

　申請内容には施主・設計・施工の全員が関係し、建物完成後の管理運営にまで関わる事項も必要です。また、プラン変更などで防災要員数が増えると、施主側の人件費の増加になり事業計画にも影響が出ます。関係者全員の早い段階からの打合わせが必要です。

災害時の司令塔となる防災センター

防災センターの役割

自衛消防隊の編成

一定規模以上の建物では、自衛消防隊を編成して、普段から災害時に迅速な対応ができるように体制を整えておく必要がある。

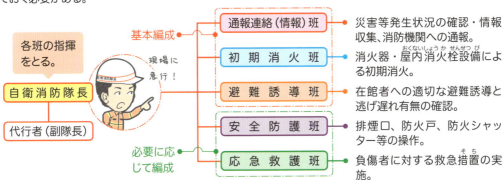

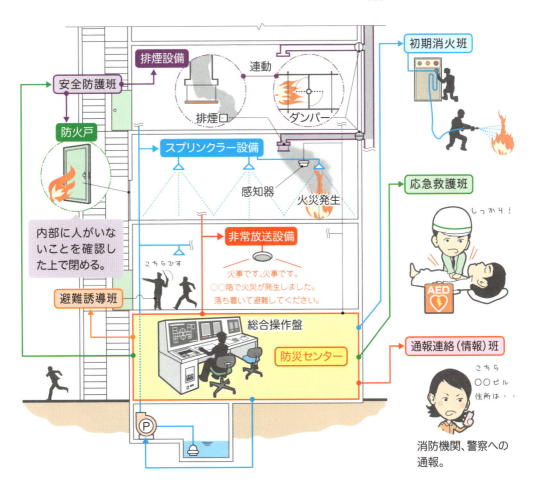

Column
良い電気と悪い電気

　聞いたことありますか？　この言葉。日本ではあまり意識されないかもしれませんが、外国に出かけてみるとよくわかります。

　昼中突然、照明が暗くなります。蛍光灯(けいこうとう)だとちらついています。これは電圧がガクンと落ちた証拠です。すぐには元に戻らないこと日常茶飯事です。こんなとき、何もしないと冷蔵庫のモーターが壊れてしまうので、冷蔵庫のスイッチを切ります。エアコンなども同じです。そのうち停電します。それも1時間とか2時間程度は日々よくある話です。高層マンションに住んでいる人はエレベーターが動かないので仕方なく階段を使います。たとえば30階の人、家にたどり着くのにどのくらいの時間がかかるのでしょう？　このような地域では日本と逆で上階に行くほど家賃が安いとか。各家庭では冷蔵庫には小さな自動電圧調整器をつけるのは常識のようです。直結給水ポンプを使っていると水も出ません。

　停電は日常茶飯事なので驚きもしません。理由は必要な電力をまかなうだけの発電所がないからだそうです。だから、普段から未計画停電、何の予告もなく行われます。計画停電の先進国といえます。

　あるとき、遠くのほうでパチパチ花火が見えました。きれいだなと思って近寄ってみたら送電線が切れて相間短絡(そうかんたんらく)していました。接触するたびに花火を散らしてはじき返されて、その反動でまた反対側の線に接触。振り子のように動きます。しばらく見ていたけれど誰も来ませんでした。

　悪い電気を知ると、良い電気のありがたみがよくわかります。

166

第 8 章

電気設備の仕事

電気設備は、安全性、利便性、快適さを提供するだけでなく、私たちの生活やビジネスのあらゆる場面で不可欠な役割を果たしています。現代社会では、電気設備の適切な設計や施工、管理と保守が建物の運用と住民の生活の質、さらには、業務効率に直接的に影響を与えるため、電気設備の仕事の重要性は非常に高いといえます。

1 電気設備に関わる人々

注文する人、作る人、維持管理をする人　電気設備の関係者

電気設備の仕事には、以下の人々が関わってきます。

❶電気設備を必要としている人を**施主**といいますが、注文者、発注者、建築主、建て主などの呼び方で呼ばれることもあります。施主が法人の場合は業務が契約業務、工事監理業務、窓口業務などに分かれていることがあるので、その人の役割を理解して対応する必要があります。

❷施主が必要とするものを理解して図面化する人のことを**設計者**と呼び、その行為を**設計（業務）**と呼びます。工事全体の調整と最終完成図の決定権を持ち、設計責任を負います。出来上がった図面（商品）を**設計図**といいます。

❸製品を工場で作る企業を**メーカー**と呼びます。現場で作るわけではありません。電気設備の大半がメーカー製品を集めて組み合わせることで成り立っています。

❹メーカーの作った製品を集めて、施主が希望する場所で組み立て・加工およびその準備作業をする人を**施工者**と呼び、その行為のことを**施工**と呼びます。施工者が1社でできない場合は適切な複数の企業を集めて工事を進めます。全体のまとめ役が**元請け**、参加企業を**協力会社**といいます。

元請けは施工側の代表で、工事全体の安全・品質・工程・コスト・環境の管理・調整を行い、出来上がった施設に対する製造責任を負います。

協力会社は専門性の高い企業でその作業に特化しています。作業範囲内で安全・品質・工程・コスト・環境の管理の調整を行います。

❺出来上がった施設の維持・管理をする人を**保守管理者**と呼びます。その行為を**保守**と呼びます。ビル施設が高度化しているので、幅広い知識と地道な作業が必要となります。

❻法律によって規定されている各種届出の提出先または各種確認検査を実施する組織を**行政機関**と呼びます。関係する頻度から見ると、所轄消防署、建築確認検査機関が筆頭で以下、経済産業省産業保安監督部、警察署、国土交通省、都道府県庁、市町村庁、保健所などがあります。

以上は基本形ですが、近年は欧米の作法が取り入れられ、施工全体の流れを管理するプロジェクトマネジメント（PM）、コストを管理するコストマネジメント（CM）、品質を監理するQC（Quality Control）という職業が施主の代行として発生しています。

関係者の連携で作り上げ機能させる

電気設備の関係者

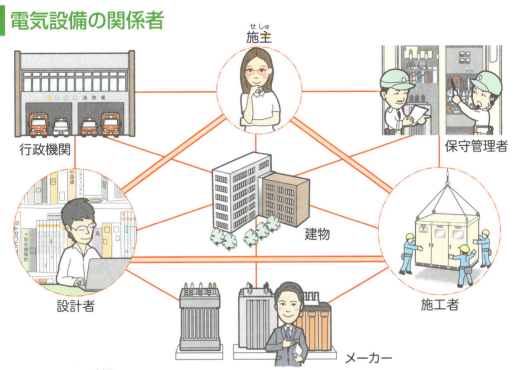

これらの関係者が連携し、それぞれの役割を十分に果たすことで、設備・建物の機能が発揮される。

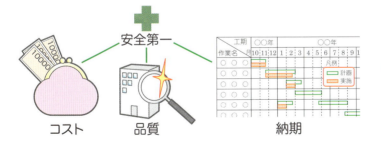

どの物件でも、安全を最優先とし、コストと品質、納期は物件により事情を考慮してバランスをとり、管理する。

各種届出・申請が必要

必要に応じて届出・申請を行う。以下はほんの一例である。

届出の名称	提出先	規定される法律
消防用設備等（特殊消防用設備等）設置届出	消防署	消防法第17条の3の2
危険物製造所・貯蔵所・取扱所設置許可申請	消防署	消防法第11条第1項
建築確認申請	建築確認検査機関	建築基準法第6条の2第1項
主任技術者選任（解任）届出	産業保安監督部	電気事業法第43条第3項
工事計画（変更）届出	産業保安監督部	電気事業法第48条第1項
使用前安全管理審査申請	産業保安監督部	電気事業法第51条の3

2 電気設備の設計

電気設備の計画を図面化する　設計業務の概要

　電気設備を構築するにあたり、基本的な考え、方針を決定し、施工ができる図面・仕様書を作成します。基準となる規格は JIS、法規は電気事業法に則って計画されますが、より細かく規定している各種団体規格（たとえば NTT 規格）、仕様書（たとえば公共建築工事標準仕様書）も十分理解して作業を進める必要があります。情報通信系は技術革新が速いので、日頃の情報収集が必要になります。ただ、新しく便利だからといって実際の使用に適するとは限りません。製品の見極めが必要になります。設計品質が問われる場面です。

　建物全体から見ると、意匠、構造、電気、機械、特殊の5分野の1つを担っており、調和のとれた設計が求められます。

小さなものから大きなものまで電気で動く　電気設備設計の種類と内容

　電気設備の設計は、❶電力、❷情報通信、❸弱電に分けられます。
❶電力には、買電した高い電圧を構内で使用できる電圧に変換する受変電設備の設計、この受変電設備から効率よく電力を分配する幹線設備の設計、大きな電力を消費するポンプ・空調機など効果的な制御を必要とする動力設備の設計、小電力ですが、適切な明かりと適切なコンセントの配置を必要とする電灯・コンセント設備の設計があります。

　買電以外の予備電源設備として、発電機を用いて自家用電力を作り出す自家発電設備の設計、熱源と組み合わせて効率よく電力を作り出すコージェネレーション設備の設計、非常照明の電源や非常時の制御用に使われる蓄電池設備の設計、無瞬断で変動のない電力を作るUPS 設備の設計などがあります。

　また、電力から人間を保護する接地設備の設計と、雷から人・ものを保護する雷保護設備の設計もあります。
❷情報通信には、従来の電話と最近の IP 電話があり、施主の使い勝手に合わせた電話設備の設計、コンピューターネットワーク構築に必要な LAN 設備の設計があります。
❸弱電にはまず基本的なもので、建物内のテレビの映りをよくするテレビ共同視聴設備の設計、建物内の案内を音声で適切に行い非常時も緊急時も対応できる放送設備の設計、消防法に適合した自動火災報知設備の設計などがあります。

電気で動くまたは制御されるものは適切な電気が必要　電気設計の重要性

　停電になると色々なものが電気で動いていたのがわかります。それらすべてに電気設計は関与しています。普段は意識されないかもしれませんが、重要な縁の下の力持ちです。

設備の施工方針を図面化した設計図の作成

設計者に要求される知識

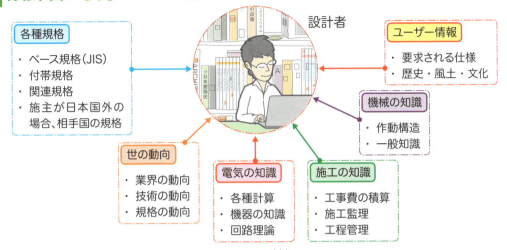

この他、関連する法律や安全に工事を進めるための方策、偏りのない倫理観などが要求される。

設計図の作成

電気設備の設計図には、電灯コンセント図、受変電設備結線図、通信設備図、外構図などがある。これらの設備と給排水・衛生設備、空調設備のすべての機器を1枚の平面図にまとめたものを総合図といい、各設備の取り合いを調整し、配置のバランスを考慮して作成される。

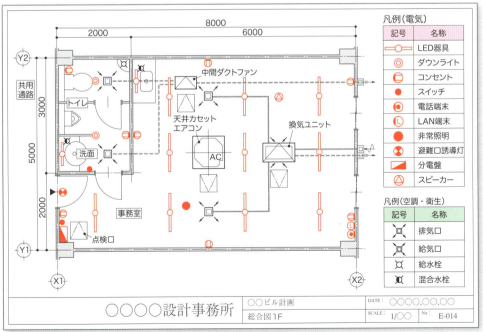

〔総合図（電気・空調・衛生）の例〕

3 電気設計のポイント

意匠・構造・設備の和音　　フルオーケストラ的設計

　設計は**意匠**、**構造**、**設備**から成り立っています。意匠の求めるモノは面で構成される空間美、視覚的要素が重要です。これを邪魔するモノは排除されます。構造は梁・柱・床で建物を成立させる基本的な機能です。この機能は枠で構成されます。どこにも穴は空けたくないでしょう。設備は線状につながる機能を追求します。面と枠と線、お互いに受け入れがたい場面もありますが、お互いの存在は必要不可欠です。場合によっては妥協の産物と見る向きもありますが、必要なのはきれいな和音です。各パートがこれを認識するかどうかで設計の善し悪しが決まります。

人と機械の連携を考える　　人間工学的電気設計

　電気設備には人が操作する各種スイッチ（受変電装置の操作用から照明スイッチ、弱電機器の操作スイッチなど色々あります）、人が見る各種表示装置（積算計、電流計、警報ランプ等これもたくさんあります）など人と関連するモノが多くあります。これらは日常的に使われるため、人間と機械の連携がうまく取れていないと、人は不便と感じてしまいます。たとえば積算計が機器の配置上高いところに置かれてしまったとか、意匠的に邪魔だからと照明スイッチが扉から離れてしまったとか、ちょっとしたことですが日々繰り返し使う側の不便さを考える必要があります。電気設計には**人間工学的な配慮**が重要です。

組織・スタイルで変わる　　組織的電気設計

　いわゆる使い勝手です。これは客先側の基本計画の問題ですが、これがふらつくと設計の方向性がぶれ、間仕切りが変わって電気設備の変更が発生してきます。頻繁に発生すると設計的手戻りになるので施工側に大きな負担を強いることになってしまいます。

　この使い勝手は業種によって、客先によって微妙に違いますが、客先側は日常のことなので気がつきません。たとえばある会社では天井の照明器具1台ごとにひもがぶら下がっていて1台ごとに消灯できるようになっています。これがこの会社の常識です。トイレがやたら大きい。これは学校とか映画館など使用時間が集中する施設に見られます。在館人数からトイレを設計したら大変なことになります。このようなことに気付くのも重要な要素です。

主役は誰？　　未来は設計力

　建物に流行があるのはご存知でしょうか？　誰かが始め誰かが評価することで、これがうねりとなって流行になります。では建物の評価は誰が決めるのでしょうか？　現在の価値？　100年後の価値？　色々あると思いますが、設計力によって未来は変わります。

総合的な視点で設計に取り組む

意匠・構造・設備の融合

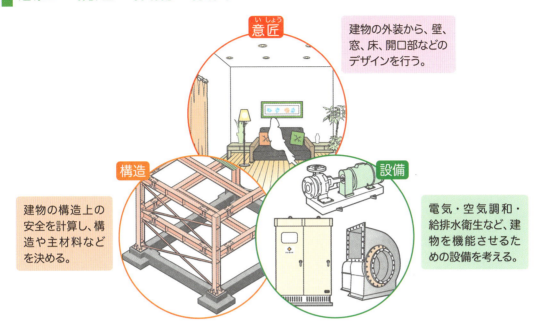

各分野の専門家たちがコミュニケーションをとり、互いに受け入れることで、全体にバランスのとれた設計が可能となる。

人間工学的配慮の重要性

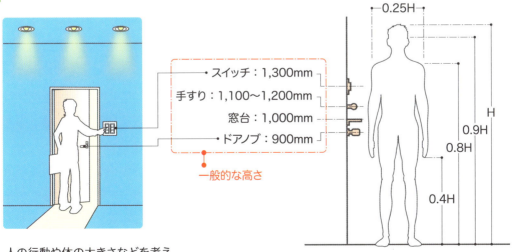

人の行動や体の大きさなどを考え、安全に効率よく使用できるよう設計することが重要。

一般的な高さをもとに、使用者の好みや使い勝手を設計の要素に入れる。

4 電気設備の工事

設計図を具体化させる　仕事の作業手順

　事前準備として、設計図受領→コスト確定→機器の発注→総合図作成→施工図作成があります。その後、現場作業として、資機材の取付け→各種検査→竣工と進行します。

　事前準備を怠ると後工程の現場作業に手戻りが発生します。現場では人が動けば金銭も動くので、事前準備のミスはコスト的に大きな痛手になります。

工事管理は重要な業務の1つ　管理業務の分類

❶**品質管理**：施工品質は設計品質と異なり、施工に起因するクレームが後々出るか出ないかで決まります。**施工要領書**を作成して品質確保に努めていますが、書類を積み上げれば品質が比例するとは限りません。やはり経験が大きな要素になります。

　工事部門は最終的に形を作ってしまうので、たとえばスイッチの位置など、使い勝手の確認は重要な作業になります。この道具としてすべて目に見えるモノを1つの図面に書き込んだ**総合図**というものを使用します。何かを変更したいと思ったらこの総合図検討のときがラストチャンスです。以降の変更は無駄な費用が発生することになります。

　また、施工者は作る前にやはり「これは変だ」と感じたら、設計者に相談をします。施主によいものを提供しようという気持ちは施工者も同じです。

❷**予算管理**：工事開始時点で決まっていた資金の管理を行います。また変更が生じたら変更コストを計算し、施主の了解を取ります。これは費用対効果を判断してもらうためで、建設資金の効果的な投資のためです。実際の作業は施主了解後になりますが、その変更が全体工程を遅延させる場合は、変更の中止または工期延長の選択になります。

❸**工程管理**：日々の進み具合と予定のズレを週間、月間、マスター（工期分全部）で確認していきます。ズレが発生したら修正対策を行います。天井がなければ照明器具は取り付けられない等、他業種の作業の影響を受けるので、全体の工程の把握が重要です。総合図完了日、受変電装置の発注日、受電日の3点は変更してはいけない日付です。

❹**安全管理**：焦ると必ず事故につながります。余裕を持った工程、余裕を持った発注が重要です。現場では複数の業種が同時並行で作業しているので、1箇所の変更は実は多くの作業間調整を発生させます。施工直前の設計変更は十分な施工検討もなく施工に移る場合が多いので、事故の危険性を高めてしまいます。

❺**環境管理**：「ゴミを入れない、出さない、出たら分別」が基本です。分別することで金属類は再利用できます。梱包材を削減すればゴミが入って来ません。環境にプラスです。

174

工事の全般にわたる幅広い管理が要求される

電気設備を中心に見た工事の流れ

	工事の一般的な工程・イベント
1	起工式
2	着工会議
3	施工検討会
4	予算書作成
5	協力業者選定
6	メーカー選定
7	承諾工程表作成
8	マスター工程表作成
9	基礎工事開始
10	接地工事
11	施工要領書承諾
12	使い方確定
13	間仕切り確定
14	総合図完了
15	施工図承諾
16	躯体関連工事開始
17	各種機器発注
18	電気負荷確定
19	受変電設備発注
20	内装関連工事開始
21	建築中間検査
22	消防中間検査
23	各種搬入計画作成
24	受変電設備工場検査
25	その他設備工場検査
26	受変電設備搬入
27	受電
28	送電完了
29	給排水開始
30	空調開始
31	各社自主検査
32	個別機能検査
33	総合機能検査
34	社内検査
35	消防連動試験
36	設計監理検査
37	設計竣工検査
38	消防竣工検査
39	建築確認検査
40	諸官庁検査
41	施主竣工検査
42	取扱い説明
43	竣工引渡し

工程表の作成

○○ビル電気設備工事 マスター工程表

工程表には週間工程表、月間工程表、マスター工程表があり、工期全体の流れを表にしたマスター工程表から、より詳細な工事・作業手順を記した月間工程表、週間工程表を作成する。

施工要領図の作成

設計図には描かない詳細・具体的な図面資料を工事別にまとめたもので、現場作業員への指示をスムーズに行い、施工技術の均一化を図る。

中間検査・竣工検査の立会い

一定規模以上の工事、あるいは各自治体が定める建築物については、指定された工程が終了した段階で中間検査、工事が終了した段階で竣工検査を受ける。検査は指定確認検査機関か自治体の建築主事が、工事監理者の立会いのもと行う。

第8章　電気設備の仕事

5 電気設備の点検とメンテナンス

メンテナンスは2種類あります　保守管理の基本的な考え

　工事完了後、メンテナンスは欠かせません。施設内の設備は数多く、大きく以下の2つに分けて管理を行います。

❶壊れてから直せばよいもの（部屋の照明器具など）

　壊れても大きな損害にならないもの、人命に影響のないもの、すぐ直せるもの。

❷壊れる前に新品に交換するもの（受変電設備・給排水ポンプなど）

　壊れたら大きな損害となり、人命に影響のあるもの、復旧に時間のかかるものなど。

電気設備機器の機能を維持する　メンテナンスの仕事の概要

❶修繕計画の実施と見直し

　施設が運用を開始する前に機器類の平均寿命から更新時期を定め、長期的な修繕計画を立案します。これに基づいて予算措置を行い、更新時の資金を確保します。

　ところが、実際に運用を開始すると、その機器の使われ方や置かれている場所などの影響で少しずつ寿命が変化してきます。この変化に合わせた計画の見直しが必要になります。計画では30年目に更新予定だったものが27年目で故障してしまった。予定外だったので修繕に6か月かかってしまった。これは一番まずい例ですね。問題は寿命の変化をどうやって把握するのか、です。機器によっては使用時間の累積カウンターがついていますが、残存寿命計は見たことがありません。そこで重要となるのが日常点検です。

❷日常点検と修理

　機器の状態を各種計器の読み値と目視・振動・音・熱・臭いの人でいう五感の両方で検査するのが日常点検です。これを積み重ねることで機器の状態を判断できるようになります。この判断に基づいて、部品交換、分解清掃、フィルター交換、潤滑油補給などの作業時期が決まります。この修理をこまめに行うことで機器の寿命は結構長くなります。また日常的に発生する電球の球交換等、消耗品の交換も優れた居住空間を演出し、快適さを高めるために重要な作業となります。

❸診断

　昔は単純な機械が多かったので、異常が発見されても修理箇所はすぐわかりました。ところが近年は機器が高度化・システム化しているので、どこを直せばよいのか、わかりづらくなってきています。機器丸ごと交換では資金がいくらあっても足りません。そこで機器を診断して故障箇所を特定できる知識が必要になっています。

適切なメンテナンスあってこそ機能が維持できる

設備の寿命を知る

機器の故障特性（バスタブ曲線※）　※ バスタブ曲線とは、その形がバスタブに似ていることから命名されている。

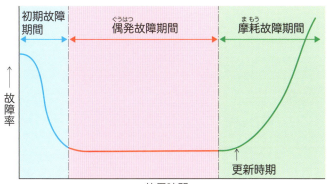

初期の故障は、設計の問題、生産時のミス等によって起こり得る。それを改良し、継続的にメンテナンスすることで性能が安定する。しかし、機器には寿命があるので、適切な時期の更新が重要である。

一般的な設備機器の寿命　（定期点検を実施した場合）

機器名	寿命	機器名	寿命	機器名	寿命
配電盤・分電盤	30 年	エレベーター	17 年	空調設備	15 年
電線類	20 年	アンプ	10 年	冷却器・ポンプ設備	15 年
キュービクル（屋外）	15 〜 20 年	給排水・衛生設備	15 年	ツイストケーブル・同軸ケーブル	18 年
トランス（油入）	15 〜 20 年	電話通信設備	6 年	光ケーブル	10 年
開閉器	15 〜 20 年	蓄電池設備	6 年	ハブ・ルーター	10 年
遮断器（VCB）	15 〜 20 年	自動点滅器	2,000 回以上	サーバー	5 年

設備診断により総合的に管理する

日常点検を行う一方で、設備の使用年数・使用頻度など使用する環境を考慮し、専門的に設備を診断し、故障の予防対策や設備の改修・更新等、総合的な管理が必要とされる。

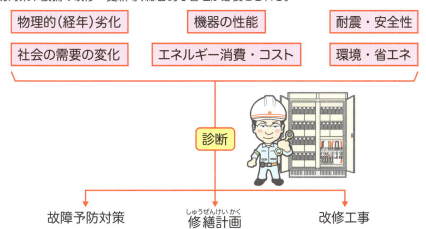

第8章　電気設備の仕事

6 電気設備のリニューアル①

リニューアルは保守管理と違います　**リニューアルの考え方**

保守管理は機能維持が目的で、それを実行するための修繕計画です。リニューアルは機能向上が目的になります。

つまり、消極的な設備の延命策、あるいは単なる初期性能の回復にとどまらず、積極的な価値の向上や新機能の獲得がリニューアル（改修）といえます。

建替えもリニューアルの1つ？　**リニューアルの種類**

リニューアルが必要になる背景には、❶社会事情の変化、❷使用目的の変化、❸安全性の向上、❹要求水準の向上、❺技術革新による既存設備の陳腐化、❻法規の改正、などがあります。これらを満足させる簡単な方法が建替えです。既存を解体してから新築、またはどこかに新築してから既存を解体の二通りあります。

建替えしない場合は、躯体を残した内装と設備の全面的なリニューアル、もしくは対象を設備の特定機能に絞ったリニューアルがあります。

建替え方式が選択されない理由　**リニューアル工事の特徴**

建替えの場合の難点は、❶解体を先行すると長期間、建物が使用できなくなります。❷新築を先行すると別場所に建てるため、既存の場所の知名度を失うことになります。❸立地条件によっては解体が現実的ではない場合があります。この3点の理由から建替え方式は避けられリニューアルといえば既存の躯体を温存して行う狭義の意味で使われています。つまり、建物を利用している人がいる中での工事、これが新築とは異なる特徴です。

安全最優先の工事　**リニューアル工事の方法**

人が「いないとき」、「いないところ」を客先と協議して設定し、限られた作業スペースでの作業になります。また作業関係者の通路、資材の搬出入通路も同じ条件が要求されます。これは第3者障害を未然に防ぐためです。

具体的方法としては、❶平日夜間（終業〜始業）、❷土日・祝祭日（夜間含む）、❸大型連休（5月のGW、夏休み、正月休み）を利用して工程を組みますが、作業を分割すればするほど仮復旧の手間とコストがかかり、仮設工事費が膨んでしまいます。もちろん全体工期も長くなります。また工事には分割できない作業単位（たとえば配管を切断して正規につなぎ替えるまで）があるので、日程が合わない場合は、客先と要相談で、たとえば❶休みを取ってもらう、❷部屋移動をお願いする、❸作業を別の方法に切り替える、❹作業そのものを客先了解で計画からはずしてしまう（無理をすれば事故のもと）などの方法をとります。

価値の向上と新機能で社会的要求に応える

リニューアルを必要とするタイミング

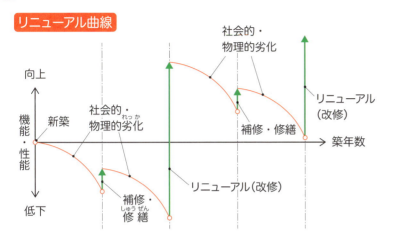

劣化のほか、社会的要求の向上や技術発展による既存設備の陳腐化といった要素も加わり、リニューアル検討が必要となる。

建替えすることの難点

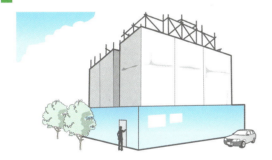

建物の解体・新築工事中、建物を使用できないため、別の建物を借りるなど、大きなコストがかかる。

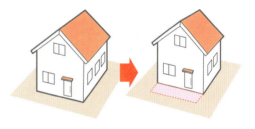

建替えを行うと、法改正による新しい規定に従わなければならず、たとえば床面積が小さくなってしまうこともある。

安全最優先の工程計画

平日昼間は原則、工事停止。夜間や週末・休暇中を使う。

フロアごとの移動が可能なら、客先の執務中は空フロアを工事し、工事が終わったらフロアを移動してもらう。

7 電気設備のリニューアル②

無駄のないリニューアル工事の進め方　リニューアル工事の計画

　まず、きちっとした現状把握をします。そのために、❶建物診断、❷劣化診断、❸耐震診断が必要です。この診断を踏まえて長期的に建物の価値をどうグレードアップしていくのか、資産運用面からの判断と投資計画を考慮してリニューアル工事の計画が決まります。

新築、建替え、リニューアルどれが得か？　リニューアル工事の費用

　それぞれに一長一短があるので単純比較は難しいです。新築より安いと思われがちなリニューアルですが、「夜間休日のみ作業」などの作業条件・環境によってコストは大きく変わります。「新築のほうが安い」ケースもあります。

電源系のリニューアルは停電が伴う　電気単独のリニューアル工事の注意点

　電源の場合、工事範囲は電気室と限られていても影響範囲は全館となるため事前の調整を十分に行わないと多くの方に過大な迷惑をかけてしまうことになります。

　問題点は経験者が少ないこと。3～4時間程度の停電は受変電設備の年次点検で毎年行われていますから関係者は経験済みです。ところが土曜日午前0時から月曜日午前0時までの停電などといわれても誰も経験していませんから、問題点を発掘するところから始めることになるので時間もかかって簡単ではありません。

長期停電時の問題点の発掘　停電時のチェックポイント

　代表的なチェックポイントを列記します。対応策は現場ごとに関係者全員で打合わせをして無理・無駄のないようにしてください。やり過ぎるとお金を捨てることになります。

　❶消火設備が機能停止しています。❷給水ポンプは止まるのでトイレは使用できません。❸人感センサーが組み込まれている便器・蛇口は電気がないと水は流れません。❹電話交換機や防災センターの機器類のバッテリーは所定の時間を超えると電圧が低下して誤動作を起こします。❺各種タイマーも時間が狂いますから事前に設定時間を調べて復電後、元に戻します。❻復電後自動再スタートしない機器類があります。❼古い機械は復電時に回路がショートすることもあります。❽通信機器は事前にOFFですが通信相手もOFFにしてもらってください。❾ATMがある場合は事前に銀行等への連絡が必須です。❿蓄積している連続データは中断します。⓫UPSは瞬停用です。長時間バックアップはできません。

嘘のような本当の話　誤解を生む午前0時

　土曜日の午前0時は金曜日の真夜中24時です。ところが複数の方が土曜日の真夜中24時と勘違いされました。午前0時という表現は避けたほうがよさそうです。

トラブルをできる限り回避するための準備

診断により現状を把握

①建物診断

建物の躯体、壁・床などの状態を調査する。

②劣化診断

配管やダクト・ケーブル類から機器まで、設備の劣化を診断する。

③耐震診断

躯体をはじめ、仕上材、設備の耐震性を診断する。

停電への対処が重要

事前の広報

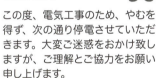

電源調査

電源設備の工事の場合、負荷設備が使えなくなるため、必要に応じて事前に設備の電源を切ったり、復旧後の再設定などを行う。

重要機器は自家発電でバックアップ

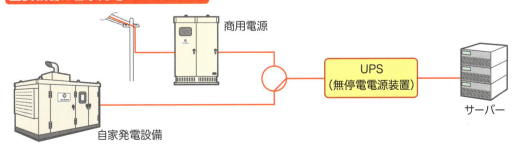

第8章　電気設備の仕事

8 電気設備に関する資格

直接工事に関わる資格名称とその内容　工事資格の種類と用途

❶**電気主任技術者**：電気工作物の工事、維持および運用に関する保安の監督業務を行うため必要な資格です。
・1種：電圧制限なく電気工作物の保安監督ができます。
・2種：電圧が17万V（ボルト）未満で電気工作物の保安監督ができます。
・3種：電圧が5万V未満の電気工作物の保安監督ができます。

❷**電気工事士**：一定範囲の電気工作物についての電気工事の作業に従事するためにはこの資格が必要です。
・1種：自家用電気工作物のうち最大電力500kW（キロワット）未満の需要設備（工場、ビル等の電気設備）と一般用電気工作物の電気工事が行えます。
・2種：一般用電気工作物の電気工事（住宅、小規模な店舗等の電気設備）が行えます。

❸**エネルギー管理士**：規定量以上のエネルギーを使用する場合、省エネルギー法に基づきエネルギーの使用の合理化・使用の方法の改善および監視を行うために必要な資格です。

❹**エネルギー管理員**または**エネルギー管理企画推進者**：原油換算1,500kL／年度以上使用する事業所は省エネルギー法に基づく、改善および監視を行うために必要な資格です。

❺**消防設備士**：消防用設備または特殊消防用設備の工事、整備を行うために必要な資格です。甲種は工事、整備、点検ができ、乙種は整備、点検ができます。
・第4類甲種：火災報知器などの工事、整備、点検が行えます。
　　　　乙種：火災報知器などの整備、点検が行えます（工事はできません）。
・第7類乙種：漏電火災警報器の整備、点検が行えます（工事は電気工事士の仕事です）。

❻**危険物取扱者**：一定数量以上の危険物を貯蔵、または取り扱う化学工場、ガソリンスタンド、石油貯蔵タンクなどの施設で、危険物を取り扱うために必要な資格です。
・甲種：危険物6分類の取扱いと定期点検、保安の監督ができます。
・乙種：危険物の中の1項目の取扱いと定期点検、保安の監督ができます。
・丙種：取扱い等をガソリン、灯油、軽油、重油などに限定しています。

❼**電気通信の工事担任者**：電気通信回線に端末設備、または自営電気通信設備の接続工事を行い、または監督するために必要な資格です。

❽**電気通信主任技術者**：総務省令で定める技術基準に適合するよう、電気通信設備の工事、維持および運用の監督に必要な資格です。

182

❾**電気通信工事施工管理技士**：2019 年に新設された資格で、インターネットや携帯電話の普及によって増えた電気通信工事の責任者として、工事の進行や安全管理を行うために必要な資格です。

❿**建築設備士**：建築設備全般に関する知識および技能を有し、建築士に対して、高度化・複雑化した建築設備の設計・工事監理に関する適切なアドバイスを行える資格です。

⓫**建築設備検査員**：定期的に建築設備（換気設備、排煙設備、非常用の照明装置、給水設備および排水設備）の安全確保のための定期検査を行い、その結果を特定行政庁へ報告するために必要な資格です。

⓬**防火管理者**：消防法では、多数の人が利用する建物などの火災による被害の防止を図るため、一定規模の防火対象物の管理権原者は、有資格者の中から防火管理者を選任し、消防計画の作成と、その消防計画に基づく「防火管理上必要な業務」を行わせなければならないとされています。日常の火気管理や消防設備の維持、消火訓練や避難訓練を実施します。

⓭**電気工事施工管理技士**：電気工事の実施にあたり、その施工計画および施工図の作成並びに当該工事の工程管理、品質管理、安全管理等工事の施工の管理を的確に行うために必要な資格です。1 級と 2 級があります。

■ **1 級と 2 級の違い**

比較項目	1 級電気工事 施工管理技士	2 級電気工事 施工管理技士
一般建設業※1 の営業所ごとに専任技術者として配置される	○	○
現場ごとに主任技術者※2 として配置される	○	○
特定建設業※3 の営業所ごとに専任技術者として配置される	○	×
監理技術者※4 となる資格を有する	○	×
経営事項審査評価点数	5 点	2 点

※1　1 件の建設工事につき、下請け金額の合計が 4,500 万円未満の建設業者。
※2　工事の施工上の管理を司る技術者。
※3　1 件の建設工事につき、下請け金額の合計が 4,500 万円以上となる建設業者。
※4　特定建設業の工事で施工上の管理を司る技術者。

　公共工事ではこの資格がないと入札にも参加できません。公共工事では必須の資格です。上記表の経営事項審査評価点数とはその会社の技術力を公平に評価するための点数で、資格者数×表の該当点数の合計で表現されます。ネット上で公開されていますから誰でもその点数を閲覧できます。この点数は公共工事の入札参加希望者の選定手続きでも利用されています。

電気設計者には資格は必要ありません　設計業務の資格

　電気設計の場合は内容を電気事業法で規定しているので、設計業務を行うための資格は不要です。

Column
電気屋さんは悩まない

　悩んで落ち込んでいる方は電気の勉強をしましょう。悩みは大小あるものの誰でも抱えています。人間の場合、考え過ぎるとおかしくなるらしい。そこで質問。人間はどうやって動いているのでしょうか？　人生の目的とかではなくて機械的な話、つまり人間の体内制御の方法のことです。

　答えは電気。神経の中を伝わっているのは微弱な電流です。この微弱な電流が変な動作をするので脳が混乱して人は悩むことになります。そこで電気設備の保護方法を応用してみましょう。

　電気設備を保護しているものはたったの3個の装置です。

❶異常な電流を切り離す遮断器（回路の焼損を防ぐ）
❷通常の電流を入り切りする開閉器（壁にあるスイッチのこと）
❸電線路そのものを切り離す断路器（電源を切り離す）

　状態を表現する用語も3種類です。

A：過負荷運転→この状態は長く続きません。❶が働いて自動停止します。
B：定格運転　→❷でON/OFFを繰り返しながら、長時間運転できます。
C：休止状態　→❸で電気そのものが来ていません。

　ここまで理解できたら自分の状態に当てはめてみます。たとえば、答えの出ない同じことを悩んでいるのは状態A、ならば❶の遮断器を働かせて脳を保護しなければと考えます。この3つの保護装置をあなたの脳の中に作ることができれば滅多なことでは壊れないでしょう。電気設備はこの3つのお陰で滅多に壊れないからです。

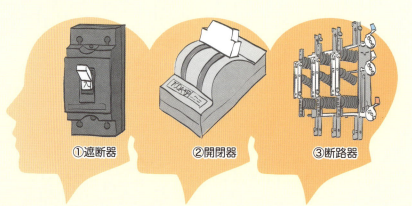

①遮断器　　②開閉器　　③断路器

付録

オームの法則について

　電気の流れは水の流れに置き換えて説明されることが多いようです。電圧＝水圧、電流＝水流、抵抗＝負荷（圧力損出）に置き換えて考えてみます。
　水槽が高いほうが、ホースで水を撒く範囲が広く取れます。圧力が大きいほど使える力が大きくなります。電圧は電気の圧力を示しています。水と同じように、高いほうが大きな力を使えるようになります。

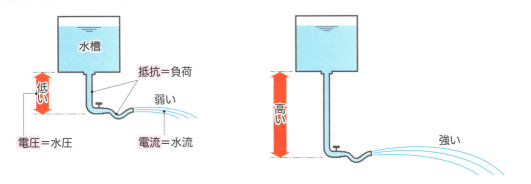

　ホースからたくさんの水を出すためにはどうしたらよいでしょうか。1つは前に述べたように圧力を上げる方法です。2つめは水を流す配管を太くすることです。配管は大きさによって流せる水の量が決まっています。電気も同様で銅線の径が細い物よりも、太い物のほうがたくさんの電気を流すことができるのです。

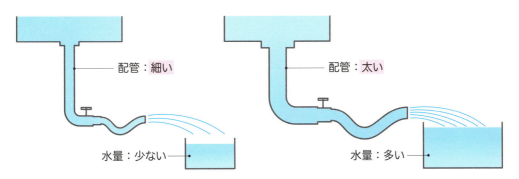

　抵抗には2つの見方があります。1つはできるだけ減らしたいもの、損失抵抗です。配管の曲がりや、仕切弁などを設けると水の流れを悪くさせます。電気も配線自体に電気の流れを妨げる抵抗が存在します。2つめは力に変えて使うもの（必要なもの）です。水車を回して仕事をさせるイメージです。電気で1例あげると、白熱電球のフィラメント（電球の中でコイル形状の光ってくれるもの）が該当します。抵抗部分が光になり仕事をしてくれています。

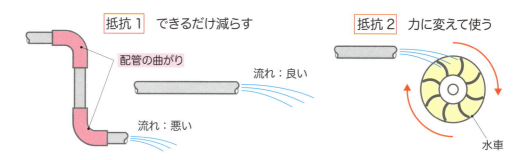

　これらの電圧、電流、抵抗の関係を表してくれているのが、オームの法則です。
　オームの法則を式で表すと、電圧（V）＝電流（I）×抵抗（R）となります。
　電圧を大きくしたり、抵抗を小さくしたりすれば、大きな電流が流れます。単純な関係なのですが、抵抗がなければ力として使うことはできませんし、細いものに大きな圧力（電圧）をかけると、損失が増えてしまいます。使用したい力や量によって適正な電圧や配線の種別、サイズを選定するのに電圧降下を計算します。実務でもしっかり使われています。
　電線を考えてみると、電気を通す部分に安価で抵抗率の低い銅を使い、電気を通しにくいポリエチレンで電線部分を保護することで感電（漏電）を防いでくれています。直接的ではありませんが、抵抗と電流の流れという意味では立派にオームの法則の活用事例だと思います。

■**各種金属の電気抵抗率　（0℃）**

物　質	抵抗率〔Ω・m〕	備　考
銀	1.47×10^{-8}	金属元素のなかでもっとも電導性に優れている。
銅	1.55×10^{-8}	電導性に優れ、比較的安価。電気・工業製品に広く使われる。
金	2.05×10^{-8}	さびにくいが高価。メッキによく使われる。
アルミニウム	2.50×10^{-8}	比重が小さいため、軽量化が求められる製品に広く使用される。
マグネシウム	3.94×10^{-8}	合金の材料としてよく使用される。
亜鉛	5.5×10^{-8}	防食の効果から、メッキによく使用される。
ニッケル	6.2×10^{-8}	耐食性に優れ、鉄や銅との合金によく使用される。
鉄（純）	8.9×10^{-8}	炭素との合金である炭素鋼のほか、合金鋼が広く使用される。
鉛	19.2×10^{-8}	電極に鉛を用いた鉛蓄電池が広く使用される。
ニクロム	1.07×10^{-6}	電気抵抗が大きく、ニクロム線が電熱線に多く使用される。

■**各種絶縁材料の内部抵抗率**

物　質	内部抵抗率〔Ω・m〕	表面抵抗率〔Ω〕
雲母	10^{13}	5×10^{13}
ガラス（ソーダ）	$10^{9} \sim 10^{11}$	$10^{10} \sim 10^{12}$
ゴム（天然）	$10^{13} \sim 10^{15}$	―
ナイロン	$10^{8} \sim 10^{13}$	$10^{11} \sim 10^{15}$
ポリ塩化ビニル（軟）	$5 \times 10^{6} \sim 5 \times 10^{12}$	$>10^{14}$
ポリエチレン	$>10^{14}$	―

抵抗率の値は『理科年表2024』国立天文台編（丸善出版）を参考に作成。

照度計算の手順

112ページで説明した光束法による照度計算の手順について、順を追って説明します。ここでは 190 ページの照度計算書を使用し、計算書に以下の対象室の条件を入れていきます。

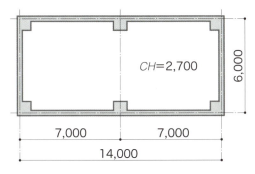

表1 各室の光環境

室名	設計照度〔lx〕
設計室・製図室	750
事務室	750
電子計算機室	500
会議室、講堂	500
厨房	500
電気室、機械室	200
更衣室、便所	200
階段室	150
玄関ホール	100

1階事務室：間口14m・奥行6m・天井高さ2.7m、所要照度：750lx（表1より）、使用する照明器具：LED直付型 LSS1-4-65

LED灯の全光速は 6,500 lm（ルーメン）（表2より）となります。グレア分類の項は、照度計算には直接関係しないのでここでの説明は割愛します。作業面高さは、事務室であれば一般的な机の高さとして 0.8 m を使います。光源の高さは、天井面に取り付けるのであれば 0 m、吊り下げ器具を使用した場合は天井面からの高さ（h_2）を記入します。

表2 ランプ光束

ランプの種類		全光束〔lm〕	負荷容量〔VA〕
LED灯 LSS1	4-30	3,000	25
	4-48	4,800	41
	4-65	6,500	54

階数	室名	照明器具			設計照度 E〔lx〕	室の大きさ				光源と作業面の距離			室指数	
		形式	光束 F〔lm〕	グレア分類		間口 X〔m〕	奥行 Y〔m〕	面積 A〔m²〕	高さ Z〔m〕	作業面高さ h_1〔m〕	器具の下り h_2〔m〕	H〔m〕	指数	記号
1	事務室	LSS1-4-65	6,500	—	750	14.0	6.0	84.00	2.7	0.8	0	1.9		

次に室指数の計算をします。計算書の下欄にも記載がありますが、室指数は、間口（X）×奥行（Y）を光源高さ（H）に間口（X）と奥行（Y）の和を掛けたもので割った値 $\left(\dfrac{X \cdot Y}{H(X+Y)}\right)$ です。同じ部屋面積でも正方形のほうが廊下のように細長い部屋にくらべ効率がよく、同じ明るさを得るために必要な照明器具の台数が少なくできます。実際に計算してみます。14×6＝84　1.9×(14+6)＝38　84÷38＝2.21　この値は 1.75 と 2.25 の間なので、室指数の表（113ページ参照）で記号 E・室指数 2.0 と読み取ります。反射率は仕上げの色が

表3 天井、壁面の反射率

天井、壁面の材質または仕上げ	白ふすま・プラスター・白タイル・白ペンキ塗・白壁紙	紙障子・白カーテン・木材（白木）・淡色漆喰・壁淡色ペンキ塗り	コンクリート・繊維板（素地）・色ペンキ塗・木材クリヤラッカ塗・淡色壁紙	ガラス窓・色カーテン・土壁・赤レンガ・暗色ペンキ塗・ワニス塗
反射率	70%	50%	30%	10%

明確であれば表3を参考に選択しますが、一般的には天井70－壁50－床10とします。

光源と作業面の距離				室指数		反射率			固有照明率 U	保守率		器具の数 N〔台〕	照度	
高さ Z〔m〕	作業面高さ h_1〔m〕	器具の下り h_2〔m〕	H〔m〕	指数	記号	天井〔%〕	壁〔%〕	床〔%〕		周囲環境	M		器具の数 N〔台〕	算出照度 E〔lx〕
2.7	0.8	0	1.9	2.21	E	70	50	10						

　照明率を記入します。室指数の計算結果を使用する照明器具の照明率表（表4）に照らし合わせ、0.78と読み取ります。公共型番の照明器具以外の場合、各照明メーカーが器具ごとのデータをHP等で公開しています。保守率の周囲環境は、表5より空調されている部屋であれば「良い」とします。ほこりのたまりやすい環境であれば「普通」としますが、最近の事務所環境であればPCによる作業が増えているため「良い」として差し支えないと考えます。LEDランプは下面解放形にあたるため表6より0.83の値を使用します。

表4 照明率表

照明器具形式	最大器具取付間隔〔L_m〕	照明率			
		反射率〔%〕 天井	70		
		壁	70	50	30
		室指数 壁	10		
LSS1-4-65	$L_m(0-A)=1.25H$ $L_m(0-B)=1.21H$	1.00　H	0.67	0.57	0.49
		1.25　G	0.73	0.63	0.56
		1.50　F	0.77	0.68	0.61
		2.00　E	0.83	0.78	0.69
		2.50　D	0.86	0.83	0.75
		3.00　C	0.88	0.84	0.78
		4.00　B	0.92	0.87	0.84

表5 照明器具の周囲環境の分類

周囲環境	環境条件	主な室の例
良い	じんあいの発生が少なく常に室内の空気が清浄に保たれている場所	設計室、事務室、会議室等
普通	水蒸気、じんあい、煙などがそれほど多く発生しない場所	電気室、倉庫等
悪い	水蒸気、じんあい、煙などを多量に発生する場所	厨房、屋内駐車場等

表6 保守率

光源	周囲環境	露出形
LED灯 LSS1	良い	0.83
	普通	0.81
	悪い	0.77

照度計算式

$$N = \frac{E \cdot A}{F \cdot U \cdot M}$$

　ここまで記入できれば、あとは照度計算式に数値を入れて計算です。

N（本数）＝E（照度）×A（室面積）／F（ランプ光速）×U（照明率）×M（保守率）

$N = 750$ lx ×84m² ／6,500 lm ×0.78×0.83　　N＝14.9 → 14.9を記入します。

　配置と検証をします。計算灯数は14.9なので15台以上配置できれば所要照度の750lxを確保できると考えます。

	光源と作業面の距離			室指数		反射率			固有照明率 U	保守率		器具の数 N〔台〕	照度		備考
〔m〕	作業面高さ h_1〔m〕	器具の下り h_2〔m〕	H〔m〕	指数	記号	天井〔%〕	壁〔%〕	床〔%〕		周囲環境	M		器具の数 N〔台〕	算出照度 E〔lx〕	
.7	0.8	0	1.9	2.21	E	70	50	10	0.78	良い	0.83	14.9			

■配置の例

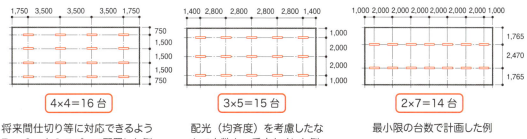

4×4=16台	3×5=15台	2×7=14台
将来間仕切り等に対応できるよう7m×6mを1スパンで配置した例	配光（均斉度）を考慮したなかで本数を一番少なくした例	最小限の台数で計画した例

■照度分布の例　単位〔lx〕

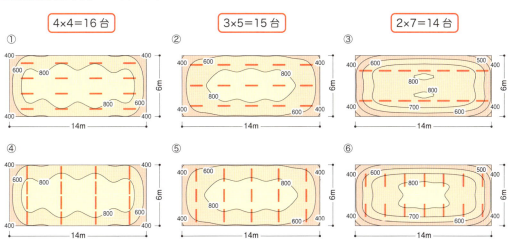

と作業面の距離		室指数		反射率			固有照明率 U	保守率		器具の数 N〔台〕	照度		備考
器具の下り h_2〔m〕	H〔m〕	指数	記号	天井〔%〕	壁〔%〕	床〔%〕		周囲環境	M		器具の数 N〔台〕	算出照度 E〔lx〕	
0	1.9	2.21	E	70	50	10	0.78	良い	0.83	14.9	15	751	

　照度分布図は6パターン作成しました。LED灯になってから器具の配光特性によって縦横の配置による均斉度の違いは少ないようです。蛍光灯では一般的には人の座る方向で決められてきましたが、LED灯の場合は、部屋の割り付けや将来対応（間仕切り）、建物全体での統一感から検討してよさそうです。

　いくつかの案を提示し、長所、短所を説明して選択します。今回は②を採用します。15灯で計算すると751lx（充足率100％）となり適正な範囲にあると判断します。充足率が130％を超えると過剰設備と判断される場合もあります。90％まで許容することもありますし、100％以下は不可とすることもあります。使用者とよく打合わせをして決定します。

変形している部屋の場合、室の面積を計算し、同じ面積の長方形（できるだけ近い形状にする）に置き換えて計算します。また大きめに計算しておいて、少ない台数で配置するやり方もあるようです。参考にしてみてください。

■ **変形している部屋の考え方**

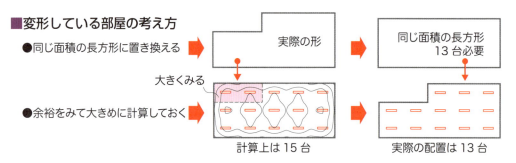

※1 照度分布図はパナソニック（株）の照度計算ソフト（ルミナスプランナー）で作成。
※2 表1〜6は『建築設備設計基準』令和3年版　国土交通省大臣官房官庁営繕部設備・環境課監修（公共建築協会）より抜粋。

■ **計算書の例**　『建築設備設計計算書作成の手引』令和3年版　国土交通省大臣官房官庁営繕部設備・環境課監修（公共建築協会）より

(様式　電-2)

| 階数 | 室名 | 照明器具 ||| 設計照度 E(lx) | 室の大きさ |||| 光源と作業面の距離 ||| 室指数 || 反射率 ||| 固有照明率 U | 保守率 || 器具の数 N(台) | 照度 || 備考 |
||||||| 開口 X(m) | 奥行 Y(m) | 面積 A(m²) | 高さ Z(m) | 作業面高さ h_1(m) | 額の下り h_2(m) | H(m) | 指数 | 記号 | 天井(%) | 壁(%) | 床(%) || 周囲環境 | M || 器具の数 N(台) | 算出照度 E(lx) ||
		形式	光束 F(lm)	グレア分類																				

電気設備の図示記号と文字記号

「公共建築設備工事標準図（電気設備工事編）」令和 4 年版より抜粋

図示記号	名称	図示記号	名称
架空配線・地中配線		●3	タンブラスイッチ　3W15A×1（連用大角形 3 路）
屋外灯	屋外灯	調光器	調光器
電柱	電柱	●T	タイマスイッチ　1P10A×1 設定時間 0～60 分以上、連続 ON 付
支線	支線	◆	ワイド形スイッチ　1P15A×1
支柱	支柱	●R	リモコンスイッチ
架空配線	架空配線	壁付コンセント	壁付コンセント　2P15A×1
地中配線	地中配線	20A	壁付コンセント　2P20A×1
配管配線		3P	壁付コンセント　3P15A×1
天井隠ぺい配線	天井隠ぺい配線	E	壁付コンセント　2P15A×1（接地極付）
床隠ぺい配線	床隠ぺい配線	WP	壁付コンセント　2P15A×1（防雨形）
露出配線	露出配線	EX	壁付コンセント　2P15A×1（防爆形）
F3	EM-EEF1.6-3C（二重天井内配線）	床コンセント	床コンセント　2P15A×1
1.6(E19)	EM-IE1.6×2 本　ねじなし電線管（E19）	LK	天井コンセント　2P15A×1（抜止形）
1.6(PF16)	EM-IE1.6×3本　PF 管（16）	非常コンセント	非常コンセント
1.6(F2 17)	EM-IE1.6×3 本　金属製可とう電線管（17）	接地端子	接地端子（連用形）
1.6(MM1-A)	EM-IE1.6×2 本　1 種金属線ぴ A 型	壁付複合アウトレット	壁付複合アウトレット　2P15A×2 電話用通信コネクタ×1
接地極	接地極	壁付複合アウトレット	壁付複合アウトレット　2P15A×2（1 端子形テレビ端子×1）
ジョイントボックス	ジョイントボックス	二重床用コンセント	二重床用コンセント　2P15A 接地極付×1
プルボックス	プルボックス	**機器・盤**	
受電点、引込口	受電点、引込口	M	電動機
電灯・スイッチ・コンセント		H	電熱器
照明器具　天井付	照明器具　天井付	換気扇	換気扇
照明器具　天井付（非常用照明器具）	照明器具　天井付（非常用照明器具）	整流装置	整流装置
照明器具　壁付	照明器具　壁付	蓄電池	蓄電池
照明器具　天井付	照明器具　天井付	S	開閉器箱
照明器具　壁付	照明器具　壁付	分電盤	分電盤
照明器具（非常用照明器具）	照明器具（非常用照明器具）	制御盤	制御盤
避難口誘導灯・通路誘導灯	避難口誘導灯・通路誘導灯	配電盤	配電盤
タンブラスイッチ 1P15A×1（連用大角形）	タンブラスイッチ 1P15A×1（連用大角形）	接地端子箱	接地端子箱

図示記号	名称	図示記号	名称
雷保護設備		AMP	増幅器
受電部（避雷針（突針））		VP	プロジェクタ
引下導体、水平導体または メッシュ導体		TV	カラーモニタ・カラーテレビ
構内情報通信網装置・構内交換装置		**テレビ共同受信装置**	
情報用アウトレット通信コネクタ ×1		テレビアンテナ	
二重床用情報用アウトレット通信コネクタ ×1		パラボラアンテナ	
内線電話機		混合（分波）器	
MDF	本配線盤	増幅器	
PBX	交換装置	1端子形テレビ端子	
床付電話用アウトレット		2端子形テレビ端子	
壁付電話用アウトレット		**監視カメラ装置・駐車場管制装置**	
情報表示装置		カメラ	
子時計		TVM	モニタ
親時計		DR	デジタルレコーダ
映像・音響装置、拡声装置		L	ループコイル式車両検知器
スピーカ		警報灯（回転灯）	
ホーン形スピーカ		GT	カーゲート

文字記号	名称	文字記号	名称
管類		DV2R	引込用ビニル絶縁電線2個より
PF	PF管	OW	屋外用ビニル絶縁電線
CD	CD管	EM-EE	600Vポリエチレン絶縁耐燃性ポリエチレンシースケーブル（600V　EE/F）
F2	金属製可とう電線管	EM-EEF	600Vポリエチレン絶縁耐燃性ポリエチレンシースケーブル平形（600V EEF/F）
SGP	配管用炭素鋼鋼管	EM-CE	600V架橋ポリエチレン絶縁耐燃性ポリエチレンシースケーブル（600V CE/F）
MM1	1種金属線ぴ	EM-CET	600V架橋ポリエチレン絶縁耐燃性ポリエチレンシースケーブル（600V CE/F）（単心3個より）
MM2	2種金属線ぴ	EM-CEE	制御用ポリエチレン絶縁耐燃性ポリエチレンシースケーブル（CEE/F）
VE	硬質ビニル管	EM-FP-C	低圧耐火ケーブル（FP-C）
FEP	波付硬質合成樹脂管	6kV EM-FP-C	高圧耐火ケーブル（6,600V FP-C）
電線類		EM-HP	小勢力回路用耐熱電線（HP）
EM-IE	600V 耐燃性ポリエチレン絶縁電線（IE/F）	EM-TIEF	耐燃性ポリエチレン絶縁屋内用平形通信電線
EM-IC	600V 耐燃性架橋ポリエチレン絶縁電線（IC/F）	EM-TIEE	ポリエチレン絶縁耐燃性ポリエチレンシース屋内用通信電線
HIV	600V 二種ビニル絶縁電線	EM-AE	警報用ポリエチレン絶縁耐燃性ポリエチレンシースケーブル

索引

あ行

アルカリ蓄電池 ・・・・・・・・・・・・・・・ 48
一般加入電話 ・・・・・・・・・・ 122 〜 125
一般業務放送設備 ・・・・・・・・・ 134
一般用電気工作物 ・・・ 16 〜 18，24 〜 29
色温度 ・・・・・・・・・・・・・・・・・ 102
インターカム ・・・・・・・・・・・・・・ 130
インターホン ・・・・・・・・・・・・・・ 130
インバーター制御 ・・・・・・・・・・・ 88
エキスパンション ・・・・・・・・・・ 70
エスカレーター・・・・・・・・・・・・・ 94
エネファーム ・・・・・・・・・・・・・ 52
エレベーター ・・・・・・・・・・・・・・ 92
オームの法則 ・・・・・・・ 34，185，186
親子時計 ・・・・・・・・・・・・・・・・ 138

か行

外灯設備 ・・・・・・・・・・・・・・・ 118
開閉器 ・・・・・・・・・・・・・・・・・ 82
過電流遮断器 ・・・・・・・・・・ 60，66
雷保護設備・・・・・・・・・・・・ 14，162
火力発電設備 ・・・・・・・・・・・・ 22
幹線・・・・・・・・・・・・・・・・・・・ 58
幹線系統 ・・・・・・・・・・・・・・・ 60
幹線設備 ・・・・・・・・・・・・ 14，58
感電・・・・・・・・・・・・・・・34，146
逆相・・・・・・・・・・・・・・・・・・ 84
許容電流 ・・・・・・・・・・・・・・ 62
緊急放送設備 ・・・・・・・・・・・ 132
区画貫通・・・・・・・・・・・・・・・ 68
クラウド PBX ・・・・・・・・・・・・・ 124
ケーブル配線 ・・・・・・・・・・ 64，72
系統連系 ・・・・・・・・・・・・・・ 22
警報設備 ・・・・・・・・・・・・・・ 150
原子力発電設備 ・・・・・・・・・・ 22
建築化照明・・・・・・・・・・・106，110
高圧電気 ・・・・・・・・・・・・ 18，24

こ

コージェネレーションシステム ・・・・・・ 52
構内電話 ・・・・・・・・・・・・ 128 〜 131
交流・・・・・・・・・・・・・・・・・・ 32
交流無停電電源装置 ・・・・・・・・・ 54，90
コンセント・・・・・・・・・・・・・・・ 100
コンデンサ・・・・・・・・・・・・・・・ 40

さ行

再生可能エネルギー ・・・・・・・・・ 22，50
資格・・・・・・・・・・・・・・・ 182，183
自家用電気工作物
・・・・・・・・ 16 〜 18，24 〜 27，30
自家用発電設備 ・・・・・・・・・・・ 46
事業用電気工作物 ・・・・・・・・・・ 16
車路管制設備 ・・・・・・・・・・・・ 140
受電用遮断器 ・・・・・・・・・・・・ 40
受変電設備・・・・・・・ 14，38 〜 41
消火活動上必要な施設 ・・・・・・・・ 154
消火設備 ・・・・・・・・・・・・・・ 148
照度 ・・・・・・・・・・・・・・・・・ 104
照度計算 ・・・・・・・ 112，187 〜 190
情報通信設備 ・・・・・・・ 14，122 〜 145
照明設備 ・・・・・・・・・・・・・・ 102
照明方式 ・・・・・・・・・・・・・・ 108
水力発電設備 ・・・・・・・・・・・・ 22
スターデルタ始動 ・・・・・・・・・・ 88
接地・・・・・・・・・・・・・・・・・・ 98
送・配電設備 ・・・・・・・・・・・・ 22

た行

太陽光発電設備 ・・・・・・・・・・・ 50
短絡電流 ・・・・・・・・・・・・・・ 62
蓄電池設備・・・・・・・・・・・・ 14，48
中央監視設備 ・・・・・・・・・・ 14，90
中央管理室・・・・・・・・・・・・ 90，164
中性線欠相・・・・・・・・・・・・・・ 66
直流・・・・・・・・・・・・・・・・・・ 32

低圧電気 ・・・・・・・・・・・・・・・ 18，24
定電圧定周波数装置 ・・・・・・・・・ 54
テレビ共同視聴設備 ・・・・・・・・・ 136
電圧降下 ・・・・・・・・・・・・・・・・・ 62
電気工作物 ・・・・・・・・・・・・・・・ 16
電気設備の工事 ・・・・・・・・・・・・ 174
電気設備の設計 ・・・・・・・ 170〜173
電気方式 ・・・・・・・・・・・・・・・・ 36
電気料金 ・・・・・・・・・・・・・ 28〜31
電線 ・・・・・・・・・・・・・・・・・・・ 72
電線管 ・・・・・・・・・・・・・・・・・ 74
電動機 ・・・・・・・・・・・・・・ 86〜89
電灯・コンセント設備 ・・・・・・ 14，98
電灯分電盤 ・・・・・・・・・・・・・・ 116
電話交換機 ・・・・・・・・・・・・・・ 124
ドアホン ・・・・・・・・・・・・・・・・ 128
動力設備 ・・・・・・・・・・・・・ 14，80
動力制御盤 ・・・・・・・・・・・・ 42，82
動力盤 ・・・・・・・・・・・・・・・・・ 82
時計設備 ・・・・・・・・・・・・・・・ 138

な行

ナースコール ・・・・・・・・・・・・・ 130
鉛蓄電池 ・・・・・・・・・・・・・・・・ 48
燃料電池 ・・・・・・・・・・・・・・・・ 50

は行

配管配線 ・・・・・・・・・・ 64，76，84
配電盤 ・・・・・・・・・・・・・・・・・ 40
バスダクト ・・・・・・・・・・・・・・・ 64
発電設備 ・・・・・・・・・ 14，22，50
光回線 ・・・・・・・・・・・・・・・・ 122
非常照明設備 ・・・・・・・・・・・・・ 156
非常電源 ・・・・・・・・・・・・・・・・ 44
非常放送設備 ・・・・・・・・・・・・・ 132
避難器具 ・・・・・・・・・・・・・・・ 152
ビル管理システム ・・・・・・・・・・ 160

風力発電設備 ・・・・・・・・・・・・・ 50
フリーアクセスフロアー ・・・・・・・・ 144
分岐回路 ・・・・・・・・・・・・・ 58，66
分電盤 ・・・・・・・・・・・・・・・・・ 42
平均演色評価数 ・・・・・・・・・・・・ 102
変圧器 ・・・・・・・・・・ 20〜23，40
防災設備 ・・・・・・・・ 14，148〜157
防災センター ・・・・・・・・・・・・・ 164
防災電源 ・・・・・・・・・・・・・・・・ 44
放送設備 ・・・・・・・・・・・ 132〜135
防犯設備 ・・・・・・・・・・・・・・・ 158
保護装置 ・・・・・・・・・・・・・ 60，88

ま行

メンテナンス ・・・・・・・・・・・・・ 176

や行

誘導灯・誘導標識 ・・・・・・・・・・・ 152
予備電源 ・・・・・・・・・・・・・・・・ 44

ら行

ランプ ・・・・・・・・・・・・・・・・ 106
ランプ効率・・・・・・・・・・・・・・・ 114
力率・・・・・・・・・・・・・・・・ 28，29
リニューアル ・・・・・・・・・ 178〜181
漏電遮断器・・・・・・・・・・・・・ 60，82

アルファベット

AV 設備・会議室放送設備 ・・・・・・・・ 134
CVCF ・・・・・・・・・・・・・・・・・ 54
EPS・・・・・・・・・・・・・・・・ 64，68
IP 電話機・・・・・・・・・・・・・・・ 126
LAN 設備・・・・・・・・・・・・・・・ 142
Ra・・・・・・・・・・・・・・・・・・・ 102
UPS・・・・・・・・・・・・・・・・ 54，90
WHM ・・・・・・・・・・・・ 24〜27

参考文献・資料

・公共建築工事標準仕様書　電気設備工事編　国土交通省大臣官房官庁営繕部監修

・公共建築設備工事標準図　電気設備工事編　国土交通省大臣官房官庁営繕部設備・環境課監修

・建築設備設計基準　国土交通省大臣官房官庁営繕部設備・環境課監修（公共建築協会）

・建築設備設計計算書作成の手引き　国土交通省大臣官房官庁営繕部設備・環境課監修（公共建築協会）

・電気設備技術基準・解釈　早わかり　電気設備技術基準研究会編（オーム社）

・内線規程　電気技術規程需要設備編　需要設備専門部会編（日本電気協会）

・新版　新人教育―電気設備　単行本企画編集専門委員会監修　日本電設工業協会編（日本電設工業協会）

・電気工事施工管理技術テキスト（地域開発研究所）

・設備設計一級建築士講習テキスト（建築技術教育普及センター）

・理科年表　国立天文台編（丸善出版）

・エネルギー白書（資源エネルギー庁）

・東京電力　電気供給約款

・東京電力　系統連系に係る設備設計について〈受電設備（特別高圧）〉

・日本配電制御システム工業会（JSIA）規格　開放形高圧受電設備

カタログ類

・東芝

・三菱電機

・パナソニック

・京セラ

・古河電工パワーシステムズ

・フジクラ

・未来工業

・河村電器産業

・宇賀神電機

●著者
本田　嘉弘（ほんだ　よしひろ）
　昭和43年、武蔵工業大学（現 東京都市大学）工学部電気工学科卒業。第三種電気主任技術者、1級電気工事施工管理技士、1級管工事施工管理技士、第一種電気工事士、特殊電気工事資格者。現在、1級、2級電気工事施工管理技術検定試験受験講習講師、テキスト等の執筆活動を行う。

前田　英二（まえだ　えいじ）
　昭和60年、東京工科専門学校空調科卒業。設備設計1級建築士、建築設備士、1級電気工事施工管理技士、1級管工事施工管理技士。現在、日新設備設計保全（株）取締役設計部長。

与曽井　孝雄（よそい　たかお）
　昭和49年、日本大学理工学部電気工学科卒業。1級電気工事施工管理技士、1級管工事施工管理技士、1級建築施工管理技士、エネルギー管理士。現在、（株）アトックスに所属し安全管理業務を行う。

●イラスト
菊地　至（きくち　いたる）
　平成14年、東京工科専門学校建築科夜間卒業。商業施設設計施工会社、住宅設計事務所を経て、主に建築関連書籍のイラストレーター、ライターとなる。

本書に関するお問い合わせは、書名・発行日・該当ページを明記の上、下記のいずれかの方法にてお送りください。電話でのお問い合わせはお受けしておりません。
・ナツメ社webサイトの問い合わせフォーム
　https://www.natsume.co.jp/contact
・FAX（03-3291-1305）
・郵送（下記、ナツメ出版企画株式会社宛て）
なお、回答までに日にちをいただく場合があります。正誤のお問い合わせ以外の書籍内容に関する解説・個別の相談は行っておりません。あらかじめご了承ください。

編集担当──山路和彦（ナツメ出版企画）　　　編集協力──持丸潤子

図解 電気設備の基礎 オールカラー

2025年2月5日　初版発行

著　者	**本田嘉弘**	©Honda Yoshihiro, 2025
	前田英二	©Maeda Eiji, 2025
	与曽井孝雄	©Yosoi Takao, 2025
イラスト	**菊地 至**	©Kikuchi Itaru, 2025
発行者	**田村正隆**	

発行所	**株式会社ナツメ社**
	東京都千代田区神田神保町1-52 ナツメ社ビル1F（〒101-0051）
	電話　03（3291）1257（代表）　FAX　03（3291）5761
	振替　00130-1-58661
制　作	**ナツメ出版企画株式会社**
	東京都千代田区神田神保町1-52 ナツメ社ビル3F（〒101-0051）
	電話　03（3295）3921（代表）
印刷所	**ラン印刷社**

ISBN978-4-8163-7659-7　　　　　　　　　　Printed in Japan
〈定価はカバーに表示してあります〉〈落丁・乱丁本はお取り替えいたします〉
本書の一部分または全部を著作権法で定められている範囲を超え、ナツメ出版企画株式会社に無断で複写、複製、転載、データファイル化することを禁じます。

ナツメ社Webサイト
https://www.natsume.co.jp
書籍の最新情報（正誤情報を含む）は
ナツメ社Webサイトをご覧ください。